U0196261

普通高等教育土建学科专业"十二五"规划教材
全国高职高专教育土建类专业教学指导委员会规划推荐教材

建　筑　电　气

（供热通风与空调工程技术专业适用）

本教材编审委员会组织编写

刘　玲　主　编

武尚君　副主编

喻建华　主　审

中国建筑工业出版社

图书在版编目（CIP）数据

建筑电气/刘玲主编. —北京：中国建筑工业出版社，2004
普通高等教育土建学科专业"十二五"规划教材
全国高职高专教育土建类专业教学指导委员会规划推荐教材
ISBN 978-7-112-06917-0

Ⅰ. 建... Ⅱ. 刘... Ⅲ. 房屋建筑设备：电气设备-高等学校：技术学校-教材 Ⅳ. TU85

中国版本图书馆 CIP 数据核字（2004）第 124339 号

普通高等教育土建学科专业"十二五"规划教材
全国高职高专教育土建类专业教学指导委员会规划推荐教材

建 筑 电 气

（供热通风与空调工程技术专业适用）

本教材编审委员会组织编写

刘 玲 主 编

武尚君 副主编

喻建华 主 审

*

中国建筑工业出版社出版、发行（北京西郊百万庄）

各地新华书店、建筑书店经销

廊坊市海涛印刷有限公司印刷

*

开本：787×1092毫米 1/16 印张：13 字数：312 千字
2005 年 1 月第一版 2019 年 2 月第十七次印刷
定价：21.00 元
ISBN 978-7-112-06917-0
（21635）

本书是全国高职高专教育土建类专业教学指导委员会规划推荐教材。本书简要介绍了建筑电气的基本知识，突出了建筑电气在生产实际中的应用，具有很强的可读性。

全书共七章，主要内容包括：电气基本知识；电气工程常用材料；供配电系统；建筑设备电气控制；安全用电与建筑物防雷；动力、照明工程；智能建筑系统等。

本书可作为高职高专供热通风与空调工程技术、建筑工程、建筑施工与监理等专业的教材；可供从事建筑设备工程设计和施工的工程技术人员参考；同时还可供房地产开发商、大楼业主、物业管理人员参考；并且可作为建筑企业专业管理人员岗位资格培训教材。

＊　　＊　　＊

责任编辑：齐庆梅　朱首明
责任设计：崔兰萍
责任校对：刘　梅　王　莉

本教材编审委员会名单

主　任：贺俊杰

副主任：刘春泽　张　健

委　员：陈思仿　范柳先　孙景芝　刘　玲　蔡可键

　　　　蒋志良　贾永康　王青山　余　宁　白　桦

　　　　杨　婉　吴耀伟　王　丽　马志彪　刘成毅

　　　　程广振　丁春静　胡伯书　尚久明　于　英

　　　　崔吉福

序　言

全国高职高专教育土建类专业教学指导委员会建筑设备类专业指导分委员会（原名高等学校土建学科教学指导委员会高等职业教育专业委员会水暖电类专业指导小组）是建设部受教育部委托，并由建设部聘任和管理的专家机构。其主要工作任务是，研究建筑设备类高职高专教育的专业发展方向、专业设置和教育教学改革，按照以能力为本位的教学指导思想，围绕职业岗位范围、知识结构、能力结构、业务规格和素质要求，组织制定并及时修订各专业培养目标、专业教育标准和专业培养方案；组织编写主干课程的教学大纲，以指导全国高职高专院校规范建筑设备类专业办学，达到专业基本标准要求；研究建筑设备类高职高专教材建设，组织教材编审工作；制定专业教育评估标准，协调配合专业教育评估工作的开展；组织开展教学研究活动，构建理论与实践紧密结合的教学内容体系，构筑"校企合作、产学研结合"的人才培养模式，为我国建设事业的健康发展提供智力支持。

在建设部人事教育司和全国高职高专教育土建类专业教学指导委员会的领导下，2002年以来，全国高职高专教育土建类专业教学指导委员会建筑设备类专业指导分委员会的工作取得了多项成果，编制了建筑设备类高职高专教育指导性专业目录；制定了"供热通风与空调工程技术"、"建筑电气工程技术"、"给水排水工程技术"等专业的教育标准、人才培养方案、主干课程教学大纲、教材编审原则，深入研究了建筑设备类专业人才培养模式。

为适应高职高专教育人才培养模式，使毕业生成为具备本专业必需的文化基础、专业理论知识和专业技能，能胜任建筑设备类专业设计、施工、监理、运行及物业设施管理的高等技术应用性人才，全国高职高专教育土建类专业教学指导委员会建筑设备类专业指导分委员会，在总结近几年高职高专教育教学改革与实践经验的基础上，通过开发新课程，整合原有课程，更新课程内容，构建了新的课程体系，并于2004年启动了"供热通风与空调工程技术"、"建筑电气工程技术"、"给水排水工程技术"三个专业主干课程的教材编写工作。

这套教材的编写坚持贯彻以全面素质为基础，以能力为本位，以实用为主导的指导思想。注意反映国内外最新技术和研究成果，突出高等职业教育的特点，并及时与我国最新技术标准和行业规范相结合，充分体现其先进性、创新性、适用性。它是我国近年来工程技术应用研究和教学工作实践的科学总结，本套教材的使用将会进一步推动建筑设备类专业的建设与发展。

"供热通风与空调工程技术"、"建筑电气工程技术"、"给水排水工程技术"三个专业教材的编写工作得到了教育部、建设部相关部门的支持，在全国高职高专教育土建类专业教学指导委员会的领导下，聘请全国高职高专院校本专业享有盛誉、多年从事"供热通风与空调工程技术"、"建筑电气工程技术"、"给水排水工程技术"专业教学、科研、设计的副教授以上的专家担任主编和主审，同时吸收工程一线具有丰富实践经验的高级工程师及优秀中青年教师参加编写。可以说，该系列教材的出版凝聚了全国各高职高专院校"供热通风与空调工程技术"、"建筑电气工程技术"、"给水排水工程技术"三个专业同行的心血，也是他们多年来教学工作的结晶和精诚协作的体现。

各门教材的主编和主审在教材编写过程中认真负责，工作严谨，值此教材出版之际，全国高职高专教育土建类专业教学指导委员会建筑设备类专业指导分委员会谨向他们致以崇高的敬意。此外，对大力支持这套教材出版的中国建筑工业出版社表示衷心的感谢，向在编写、审稿、出版过程中给予关心和帮助的单位和同仁致以诚挚的谢意。衷心希望"供热通风与空调工程技术"、"建筑电气工程技术"、"给水排水工程技术"这三个专业教材的面世，能够受到各高职高专院校和从事本专业工程技术人员的欢迎，能够对高职高专教学改革以及高职高专教育的发展起到积极的推动作用。

全国高职高专教育土建类专业教学指导委员会
建筑设备类专业指导分委员会
2004 年 9 月

前　　言

本书是根据全国高职高专教育土建类专业教学指导委员会建筑设备类专业指导分委员会制定的供热通风与空调工程技术专业培养方案及主干课程教学基本要求编写的，教学时数为 68 学时。

《建筑电气》是一门实践性很强的课程。在编写过程中，针对高等职业教育的教学特点，重视理论与实践的结合，注重培养学生的动手能力、分析能力和解决问题的能力；力求保持其系统性和实用性；力求在内容和选材方面体现学以致用，介绍新工艺、新技术、新设备、新材料，贯彻新规范、新标准；力求内容精炼，表述清楚，图文并茂，便于理解掌握。

本书由新疆建设职业技术学院刘玲任主编，内蒙古建筑职业技术学院武尚君任副主编。其中前言，绪论，第四章中第三节、第四节、第五节、第六节，第六章由新疆建设职业技术学院刘玲编写；第一章、第二章由沈阳建筑大学职业技术学院张之光编写；第三章、第五章由内蒙古建筑职业技术学院武尚君编写；第四章中第一节、第二节，第七章由内蒙古建筑职业技术学院张宇编写。全书由山西建筑职业技术学院喻建华主审。

由于编者学识水平有限，加之时间仓促，书中不足之处恳请读者批评指正。

目 录

绪　　论

一、本课程的性质、任务与内容

《建筑电气》是土建类供热通风与空调工程技术专业的主干课程之一，也是土建类非电专业的技术基础课，是一门实践性很强的课程。

本课程的任务是学习电气工程常用材料；供配电系统的组成及作用；建筑设备控制电路及分析方法；安全用电与建筑物防雷的重要意义；动力、照明工程的内容及要求；智能建筑系统的分类及作用等基本知识；为配合建筑施工和设备安装，合理组织施工及正确施工安装奠定基础。

当前，我国在建筑电气科学技术领域，从科学研究到生产制造，从工程设计到安装施工，已拥有一支专门队伍。随着我国大型工业企业的不断建立，城镇各类建筑的陆续兴建，人民生活居住条件的逐步改善，基本建设工业化施工的迅速发展，建筑电气工程技术水平正在不断提高。同时，由于现代科学技术的发展，各门学科相互渗透，相互影响，建筑电气技术也不例外。如智能建筑以其高效、安全、舒适和适应信息社会要求的特点，成为当今世界各类建筑特别是大型建筑的主流，以智能建筑作为评价综合经济国力的具体表征之一。智能建筑是信息时代的必然产物，是将计算机技术、通信技术、控制技术与建筑技术作最优化的组合。新设备的不断涌现，使建筑电气工程技术向着更加节约和高效的方向发展。新材料的快速发展，在建筑电气工程中引起了许多技术革命。新能源的利用和电子技术的应用，使建筑电气工程技术不断更新，楼宇设备自动化的管理及运行水平日益提高。建筑设备自动化由于集中控制而提高了效率，节约了费用，增加了功能，并创造更加安全、舒适的工作和生活环境，为建筑电气工程技术的发展开辟了广阔的领域。

二、本课程的学习方法和要求

本课程是一门实践性很强的课程，同时又和其他专业有着密切的联系。本课程的学习应通过课堂教学和生产实习、作业训练来完成，理论教学和实践教学两个环节都很重要，且相辅相成，不可偏废。

在课堂教学中应重点介绍建筑设备控制电路的分析方法；电气施工图的内容和识读要领；施工程序、安装材料和施工工艺、施工技术要求等。教学时可通过实物、实验、实训、参观、录像等手段，使学生通过课堂教学基本掌握建筑设备控制电路的分析方法和施工技术的基本理论。

生产实习应在校内实习工厂或施工现场进行，以专业施工基本操作技术为主，以提高学生的基本操作技能为目的，通过实践动手能力，达到基本的专业操作要求。

施工图的识读训练，可以结合实习工程施工图对照识读或对施工图及图集举例识读，并对施工图的绘制进行综合训练，从而使学生掌握识图的基本要领，提高识图能力和水平。

第一章 电气基本知识

第一节 直流电路

一、电路的基本概念

(一) 电路的组成

电流通过的路径称为电路，如图 1-1 所示。电路由电源、负载、连接导线和开关等组成，对电源来讲，负载、连接导线和开关称为外电路，电源内部的一段电路称为内电路。

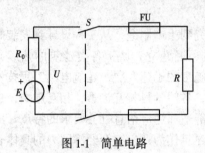
图 1-1 简单电路

电源是供应电能的装置，其作用是把其他形式的能量转换为电能。例如，发电机把机械能转换为电能，电池把化学能转换为电能。

负载是取用电能的装置，其作用是把电能转换为其他形式的能量。例如，电动机把电能转换为机械能，电灯把电能转换为光能和热能。

连接导线起着联通电路的作用，实现电能的传输。

开关同样是电路中不可缺少的环节，通过开关可控制电路的接通和分断。

(二) 电路的基本物理量

1. 电流强度 (简称电流)

电荷有规则的定向移动形成电流。电流的强弱用电流强度来表示，电路中的电流强度是指单位时间内流过导线截面的电荷量。电流用 I 表示：

$$I = \frac{Q}{t} \tag{1-1}$$

式中　Q——电荷量；

　　　t——时间；

　　　I——电流强度，单位是安培 (A)。

为了描述电流的方向，习惯上规定正电荷流动的方向表示电流方向，所以在外电路中电流的方向是由正极指向负极，在内电路中，电流的方向是由负极指向正极。

电路可分为直流电路与交流电路两种。直流电路中的电流大小和方向不随时间变化，交流电路中的电流大小和方向都随时间作周期性变化。

2. 电压

电压只对电路中的两点来讲才有意义。在电场力的作用下，正电荷将从高电势端移至低电势端，形成了电荷的定向运动，产生了电流。可见，电路两端有无电压，是电路中有无电流的必要条件。通常电压用 U 来表示，单位是伏特 (V)。

电压的方向规定为：由高电势端指向低电势端。

3. 电源电动势

电源电动势是电路中产生电压驱动电流的必要条件。电源电动势的定义是：

$$E = \frac{W_{非}}{q} \tag{1-2}$$

式中 $W_{非}$ 是指该电源电动势将正电荷 q 由电源负极（低电势）通过电源内部移至电源正极（高电势）时，由非静电力所做的功。电动势通常用 E 来表示，单位是伏特（V）。

电动势的方向是由电源的负极指向正极。

在电路的分析计算过程中，对电流、电压、电动势规定的方向称为实际方向，电路中所标注的方向均为参考方向。若 $I > 0$，表明电流的实际方向与参考方向相同；若 $I < 0$，则表明电流的实际方向与参考方向相反。习惯上常将电压和电流的参考方向选为一致，称其为关联参考方向。

4. 电功率

单位时间内电场力所做的功称为电功率，用 P 来表示。电功率等于负载两端的电压与通过负载电流的乘积。即：

$$P = IU \tag{1-3}$$

电压的单位是伏特(V)；电流的单位是安培(A)；功率的单位是瓦特(W)。

当负载上的电压和电流实际方向一致时，电功率为正，表示负载将从电源吸收能量；当负载上的电压和电流的实际方向不一致时，电功率为负值，表示负载将要向电源释放能量。

(三) 电路的三种状态

电路在运行过程中，通常有通路、断路、短路三种状态。

1. 通路状态

将负载与电源接通，电路中便有电流通过，电源与负载之间发生能量交换，即电路处于通路状态。

为了保证电气设备在工作中的温度不超过最高工作温度，通过电气设备的最大容许电流必须有一个限定值。通常把限定的电流值称为该电气设备的额定电流，用 I_e 表示，而把限定的电压值称为该电气设备的额定电压，用 U_e 表示。

各种电气设备都有不同的额定电流和额定电压，对电阻性的负载而言，电气设备的额定电流和额定电压的乘积就等于其额定功率，即：

$$P_e = I_e U_e \tag{1-4}$$

根据负载的大小，可分为满载、轻载、过载三种情况。负载在额定功率下的工作状态叫做额定工作状态或满载；低于额定功率的工作状态叫轻载；高于额定功率的工作状态叫做过载或超载。应尽可能使负载运行在额定状态，无论是效率上、寿命上及经济上均为最佳。

2. 断路状态

断路是指电源两端或电路某处断开，电路中没有电流通过，断路状态的主要特点是：电路中的电流为零，负载端电压和电源电动势相等，电源不向负载输送电能。

断路可以分为控制性断路和事故性断路两种，如图 1-2 所示。

控制性断路是利用控制电器（如开关 S），使电路处于断路状态，属于正常现象；事故性断路是由于电源、负载或导线某处发生故障而引起的断路。事故性断路的发生需要查出故障，及时予以排除。

3. 短路状态

当电源未经负载而直接由导线接通形成闭合电路，外电路的电阻非常小，这时电路称为短路状态，如图 1-3 所示。

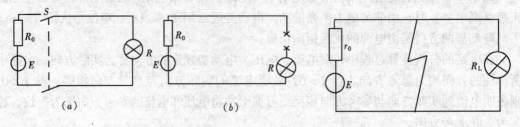

图 1-2　两种断路状态

（a）控制性断路；（b）事故性断路

图 1-3　短路状态

发生短路的原因，主要是电气设备的绝缘损坏或接线错误。当电源发生短路时，电路中的电流为：

$$I_k = \frac{E}{r_o + R_L} = \frac{E}{r_o} \tag{1-5}$$

式中　E——电源电动势；

　　　r_o——电源的内阻；

　　　R_L——电路中导线的电阻，近似等于零，即 $R_L \approx 0$。

r_o 为电源内阻，一般都很小，所以短路电流 I_k 很大，将使电源有烧毁的危险。防止短路最常见的方法是在电路中安装熔断器，如图 1-1 中的 F_U。

二、电路的基本定律

（一）欧姆定律

1. 一段电路的欧姆定律

图 1-4 是闭合电路中的一段。根据实验测得：流经电阻 R 的电流大小与加在电阻两端的电压成正比，而与电阻 R 的阻值成反比，即为一段电路中的欧姆定律，可用下式表示：

$$I = \frac{U}{R} \quad \text{或} \quad U = IR \tag{1-6}$$

2. 全电路欧姆定律

图 1-5 是一个简单的闭合电路。全电路欧姆定律的定义为：在闭合电路中，电流强度的大小与电源电动势 E 成正比，与电路的负载电阻 R 及电源内电阻 r_o 之和成反比，即

$$I = \frac{E}{R + r_o} \tag{1-7}$$

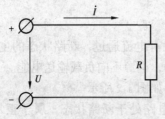

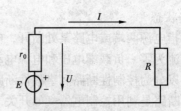

图 1-4　电阻电路　　　　　　图 1-5　简单的闭合电路

4

公式（1-7）还可以写成：

$$E = IR + Ir_o = U + U_o \qquad (1-8)$$

式中 $U = IR$ 为负载两端的电压降，称为电源的端电压。$U_o = Ir_o$ 为电源内电阻上的电压降。公式（1-8）为闭合电路的电压平衡方程式，即任何一个闭合电路中，电源电动势的大小等于电源外部负载上的电压降与电源内电阻上的电压降之和。

公式（1-8）还可以写成：

$$U = E - Ir_o \qquad (1-9)$$

即电源的端电压等于电源电动势 E 减去电源内电阻上的电压降 Ir_o。可见，当电路处于断路状态时，因为 $I = 0$，所以 $U = E$，即电源的端电压在数值上等于电源电动势。一般情况下，电源的端电压不等于电源电动势，且 $U < E$。由于在电路中电源电动势 E 和内电阻 r_o 是不变的，由公式（1-7）可以看出，外电路中电阻 R 的变化直接影响电流的大小，随着电路中电流的变化，电源的端电压也会随之变化。$U = f(I)$ 称为电源的外特性。反映端电压 U 与电流 I 之间的关系。图 1-6 为电源的外特性图。

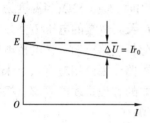

图 1-6　电源的外特性曲线

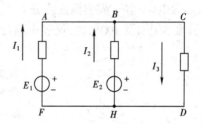

图 1-7　复杂电路示例

（二）克希荷夫定律

有关电路结构的相关名词如下：

支路：电路中的每个分支称为支路。

节点：回路中三个或三个以上支路的汇交点称为节点。

回路：电路中任意一个闭合路径称为回路。

1. 克希荷夫第一定律（节点电流定律）

图 1-7 所示为一个复杂电路。分析可知该电路中有三个支路，即 AF 支路、BH 支路、CD 支路；有两个节点，即 B 节点和 H 节点；有三个回路，即 $ABHFA$ 回路、$BCDHB$ 回路、$ABCDHFA$ 回路。

克希荷夫第一定律是根据电流的连续性，即在电路中的任意一个节点上均不可能发生电荷的持续积累现象，因而流入节点的电流之和必定等于从该节点流出的电流之和，即

$$\Sigma I_\text{入} = \Sigma I_\text{出} \qquad (1-10)$$

根据这一定律，图 1-7 电路中的节点 B 的电流有如下关系：

$$I_1 + I_2 = I_3$$

对于节点 H 上的电流关系为：

$$I_3 = I_1 + I_2$$

在一个复杂电路中，若有 n 个节点，节点电流的独立方程式数只有（$n-1$）个，第 n 个方程可以由（$n-1$）个方程推出。

2. 克希荷夫第二定律（回路电压定律）

克希荷夫第二定律指出：对一闭合电路而言，回路中电动势的代数和等于回路中电阻上电压降的代数和。

运用克希荷夫第二定律时，回路中电压和电动势正负符号的确定方法如下：

1）首先确定各支路电流的正方向；

2）任意选定沿回路的绕行方向；

3）若通过电阻的电流方向与回路绕行方向一致，则该电阻上的电压取正；反之取负；

4）电动势方向与回路绕行方向一致时，则该电动势取正；反之取负。

在图 1-7 的电路中，若沿 ABHFA 回路绕行，回路电压方程式为

$$E_1 - E_2 = I_1 R_1 - I_2 R_2$$

归纳为克希荷夫第二定律的表达式为

$$\Sigma E = \Sigma IR \tag{1-11}$$

【例 1-1】 电路如图 1-8 所示。已知图中 $E = 4\text{V}$，$R_1 = R_3 = R_4 = 400\Omega$，$R_2 = 347\Omega$，$R_g = 600\Omega$，$R_t$ 为热敏电阻，置于需测温度之处。当温度为 0℃时，$R_{t0} = 53\Omega$；当温度为 100℃时，$R_t = 75\Omega$。求温度为 0℃及 100℃时，仪表中通过的电流 I_g 及其两端的电压 U_g。

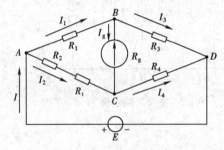

图 1-8 例 1-1 题图

【解】 分析电路可知，该电桥电路共有四个节点和六条支路，因此相应有六个未知电流，需列出 6 个独立的方程式才能求解。根据克希荷夫第一定律可得：

节点 A　$I_2 = I - I_1$

节点 B　$I_3 = I_1 - I_g$

节点 C　$I_4 = I_2 + I_g = I - I_1 + I_g$

根据克希荷夫第二定律规定回路的绕行方向为顺时针。沿回路 ABCA 可得：

$$I_1 R_1 + I_g R_g - I_2 (R_2 + R_t) = 0$$

将 $I_2 = I - I_1$ 代入上式可得：

$$I_1 (R_1 + R_2 + R_t) + I_g R_g - I(R_2 + R_t) = 0 \tag{1-12}$$

沿回路 BDCB 可得：

$$I_3 R_3 - I_4 R_4 - I_g R_g = 0$$

将 $I_3 = I_1 - I_g$，$I_4 = I - I_1 + I_g$ 代入上式可得：

$$I_1 (R_3 + R_4) - I_g (R_3 + R_4 + R_g) - I R_4 = 0 \tag{1-13}$$

沿回路 ABDA 可得：

$$I_1 R_1 + I_3 R_3 = E$$

将 $I_3 = I_1 - I_g$ 代入上式可得：

$$I_1 (R_1 + R_3) - I_g R_3 = E \tag{1-14}$$

应用行列式解联立方程组（1-12）、（1-13）、（1-14）可得：

$$I_g = \frac{(R'_2 \cdot R_3 - R_1 \cdot R_4)E}{(R_1 + R_3)[R'_2 \cdot R_4 + (R'_2 + R_4)R_g] + R_1 \cdot R_3 (R'_2 + R_4)}$$

式中　$R'_2 = (R_2 + R_t)$

当温度为0℃时，由于 $R'_2 \cdot R_3 = R_1 \cdot R_4$，故得：

$$I_g = 0, \quad U_g = 0$$

此时电桥处于平衡状态。

当温度变为100℃时，经计算可得：

$$I_g = 0.053\text{mA}, \quad U_g = I_g R_g = 31.8\text{mV}$$

由计算可知，通过仪表不同的读数，便可测出不同的温度值。

三、电阻的连接

（一）串联电路

在电路中把若干个电阻首尾相连，即为串联
电路，如图1-9所示。

串联电路的特点为：

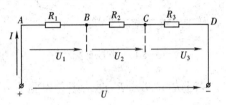

图1-9　串联电路

（1）由电流的连续性原理可知，串联电路中
的电流处处相同，即流过 R_1、R_2、R_3 的电流为
同一电流。

（2）根据能量守恒定律，电路取用的总功率应等于各段电阻取用的功率之和，即

$$P = P_1 + P_2 + P_3$$

或：

$$UI = U_1 I + U_2 I + U_3 I$$

由此可得

$$U = U_1 + U_2 + U_3$$

上式说明，在串联电路中，总电压等于各段电压之和。

（3）在串联电路中总电阻 R 等于各电阻之和，即：

$$R = R_1 + R_2 + R_3$$

由于流过各电阻的电流相同，故各段电阻上电压和总电压之间的关系可表示为

$$\left. \begin{aligned} U_1 &= \frac{R_1}{R}U \\[6pt] U_2 &= \frac{R_2}{R}U \\[6pt] U_3 &= \frac{R_3}{R}U \end{aligned} \right\} \tag{1-15}$$

上式为串联电路的分压公式。由式可知电压与电阻成正比。在直流电路中，通过电阻
的串联可以实现分压的目的。

（二）并联电路

在电路中把若干个电阻的一端连在电路的同一点上，把电阻的另一端共同连接在电路
的另一点上，即为并联电路，如图1-10所示。

并联电路的特点有：

（1）加在各并联支路两端的电压相等。

（2）电路内的总电流等于各支路的电流之和，即：

$$I = I_1 + I_2 + I_3 \tag{1-16}$$

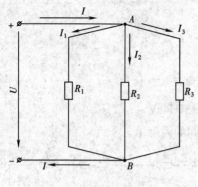

图 1-10 并联电路

(3) 在并联电路中，如果把总电流写成 $I = GU$，则得

$$GU = G_1 U + G_2 U + G_3 U$$

因此　　　　$G = G_1 + G_2 + G_3$　　　(1-17)

式中的 G 称为电导，单位为西门子（S）。

并联电路总电阻的倒数等于各电路电阻的倒数之和，即：

$$\frac{1}{R} = \frac{1}{R_1} + \frac{1}{R_2} + \frac{1}{R_3}$$

整理后为　　$R = \dfrac{R_1 R_2 R_3}{R_1 R_2 + R_2 R_3 + R_3 R_1}$

当 $R_1 = R_2 = R_3$ 时，则总电阻为：

$$R = \frac{1}{3} R_1$$

如果有 n 个相同的电阻 R_1 并联，则其总电阻为：

$$R = \frac{1}{n} R_1$$

由此可知，并联的电阻愈多，则总电阻愈小，且其值小于任一支路的电阻值。

(4) 流过各并联支路的电流和总电流之间的关系可表示为：

$$\left. \begin{array}{l} I_1 = \dfrac{G_1}{G} I \\[2mm] I_2 = \dfrac{G_2}{G} I \\[2mm] I_3 = \dfrac{G_3}{G} I \end{array} \right\}　　　(1-18)$$

上式为并联电路的分流公式。在直流电路中可以通过电阻的并联达到分流的目的，电阻越大，分到的电流越小。

（三）混联电路

在电路中既有电阻的串联，又有电阻的并联，该电路称为混联电路。图 1-11 是常见的混联电路之一，其中 r_1 及 r_2 是各段连接导线的电阻，r_0 是电源内电阻，R_1 和 R_2 是负载电阻。

由图可知，R_2 和 r_2 串联，因此，B、F 两点间的总电阻为

$$R_{BF} = \frac{R_1(2r_2 + R_2)}{R_1 + (2r_2 + R_2)}$$

整个电路的总电阻为

$$R = R_{BF} + r_0 + 2r_1$$

【例 1-2】　如图 1-11 所示，已知 $r_0 = 0.1\Omega$，$r_1 = 0.25\Omega$，$r_2 = 0.5\Omega$，$U = 110\text{V}$，$U_2 = 90\text{V}$，R_2 取用的功率 $P_2 = 900\text{W}$，求 I、I_1、

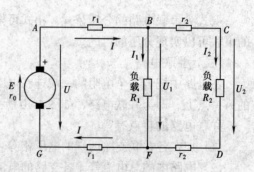

图 1-11　混联电路

I_2、E 和 R_1 取用的功率 P_1。

【解】 $\because P_2 = I_2 U_2$

$$\therefore I_2 = \frac{P_2}{U_2} = \frac{900}{90} = 10\text{A}$$

由欧姆定律可知：

$$U_1 = U_2 + 2I_2 r_2 = 90 + 2 \times 10 \times 0.5 = 100\text{V}$$

由于 $$U = U_1 + 2Ir_1$$

故可求得总电流为

$$I = \frac{U - U_1}{2r_1} = 20\text{A}$$

因此 $$I_1 = I - I_2 = 10\text{A}$$

$$P_1 = U_1 I_1 = 100 \times 10 = 1000\text{W} = 1\text{kW}$$

$$E = U + Ir_0 = 110 + 20 \times 0.1 = 112\text{V}。$$

第二节 单相交流电路

大小和方向随时间按正弦规律变化的电流称为正弦交变电流，简称交流电。表示交流量在某瞬间大小的数值为瞬时值，用 i、u、e 表示。交流量最大的瞬时值为最大值，用 I_m、U_m、E_m 表示。

一、正弦量的三要素

图 1-12（a）所示是一个二端元件，设电流参考方向由 A 向 B，图 1-12（b）是电流随时间变化的正弦波形。图上分别画出 t_1 时刻的瞬时值电流 $i(t_1)$ 和 t_2 时刻的瞬时值电流 $i(t_2)$。前者在时间轴的上方，为正值，表明该时刻电流由 A 端流入，B 端流出，参考方向和实际流向一致；后者在时间轴的下方，为负值，表明该时刻电流由 B 端

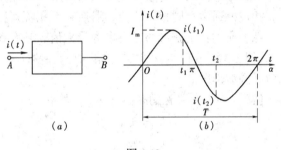

图 1-12

流入，A 端流出，实际流向和参考方向相反。对应图 1-12（b）写出电流 $i(t)$ 随时间变化的函数解析式

$$i(t) = I_m \sin\alpha = I_m \sin\omega t \tag{1-19}$$

式中，α 是电度角，单位是弧度（rad），且 $\alpha = \omega t$ 或 $\omega = \alpha / t$，故 ω 是 α 随时间的变化率，称为角频率，单位是弧度/秒（rad/s），角频率是反映正弦量变化快慢的物理量。

正弦量变化一周所需要的时间称为周期，用符号 T 表示，而 $\frac{1}{T}$ 是每秒完成的周期数，称为频率，用 f 表示，单位为 1/秒（1/s），简称为赫兹（Hz）。当正弦量变化一周，α 变化 2π 弧度，即 $\omega t = 2\pi$，得

$$\omega = \frac{2\pi}{T} = 2\pi f \tag{1-20}$$

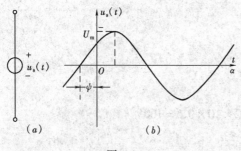

图 1-13

我国电力系统中采用的频率是 50Hz，因为主要用于工业系统，故称为工频。频率是正弦量的第一个要素。正弦量的第二个要素是振幅，即最大值，用来反映正弦量变化幅值的大小。

在电器设备上标注的数值通常为有效值。有效值指的是对同一电阻而言，在相同时间里分别通入交流电和直流电，产生的热效应相同，则此时直流电的数值称为交流电的有效值。有效值用 I、U、E 表示，最大值与有效值的关系为：

$$U_m = \sqrt{2}\,U \qquad I_m = \sqrt{2}\,I \qquad E_m = \sqrt{2}\,E$$

由图 1-12 可知，$t = 0$ 时，$i(0) = 0$，在图 1-13 中，$t = 0$ 时，$u(0) = U_m\sin\varphi$。两者的差别在于选择计量起点。可知电压的解析式为

$$U(t) = U_m(\omega t + \varphi)$$

式中（$\omega t + \varphi$）称为正弦量的相位角，简称相位。它表示正弦量在某一时刻所处的物理状态，不仅确定了瞬时值的大小和方向，还能表示正弦量的变化趋势。

φ 为 $t = 0$ 时刻正弦量的相位角，称为正弦量的初相位，是正弦量的第三个要素。如 $t = 0$ 时，$i(0) = I_m\sin\varphi$，反映了电流的初始变化状态，故初相位 φ 是反映正弦量初始变化状态的物理量。两个同频率正弦交流电的初相位之差称为相位差。在正弦量的变化过程中，相位差通常有同相、超前、滞后、反相等几种情况。

综上所述：正弦量的三要素为最大值、频率和初相位。

【例 1-3】 在图 1-14 中，已知 $e_1(t) = 311\sin(314t - 30°)\text{V}$，求它的最大值，频率、初相位，画波形图。

【解】 $e(t) = E_m\sin(\omega t + \varphi)$，故有

$$E_m = 311\text{V}$$

$$f = \frac{\omega}{2\pi} = \frac{314}{2 \times 3.14} = 50\text{Hz}$$

$$\varphi = \frac{\pi}{6}\text{rad}$$

$$T = 1/f = 0.02\text{s}$$

二、纯电阻电路

由白炽灯、电炉或变阻器等负载所组成的交流电路，其电感很小可以忽略不计，可认为是纯电阻电路，如图 1-15（a）所示。

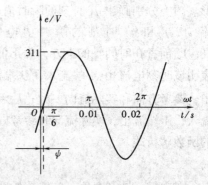

图 1-14 例 1-3 图

纯电阻电路中的电流与电压之间的瞬时值关系、有效值关系、相位关系以及交流电功率的计算方法如下。

设加在电阻两端的正弦电压为

$$u_R = U_{Rm}\sin\omega t \tag{1-21}$$

根据欧姆定律，通过电阻的电流瞬时值应为

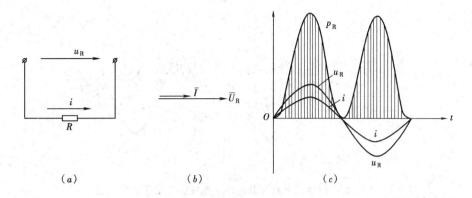

图 1-15　纯电阻电路及其电流、电压的矢量图和曲线图

$$I = \frac{u_R}{R} = \frac{U_{Rm}}{R}\sin\omega t \qquad (1\text{-}22)$$

在图 1-15（*b*）和（*c*）上分别画出了电压、电流的矢量图和曲线图。

通过电阻的电流最大值为：

$$I_m = \frac{U_{Rm}}{R}$$

若把两边同除以 $\sqrt{2}$，则得：

$$I = \frac{U_R}{R} \qquad (1\text{-}23)$$

或 $$U_R = IR$$

任一瞬间电路中吸收或消耗的功率称为瞬时功率，用 p_R 来表示，即

$$p_R = u_R i = U_{Rm}I_m\sin^2\omega t$$

瞬时功率的变化曲线如图 1-15（*c*）所示，由于电流与电压同相，p_R 在任一瞬时的数值都是正值，说明电阻是耗能元件，在任一时刻电阻都在向电源取用功率。通常是计算一个周期内取用功率的平均值，即平均电功率，又称为有功功率，用 P 来表示，平均功率 P 等于电阻在一个周期内所取用的电能 W 与周期 T 之比，即：

$$P = \frac{W}{T}$$

故得 $$P = U_R I = I^2 R \qquad (1\text{-}24)$$

有功功率的单位是瓦特，简称瓦（W）。

三、纯电感电路

通常线圈中电阻很小而忽略不计，可看成纯电感电路，如图 1-16（*a*）所示。

在纯电感线圈的两端，加上交变电压 u_L，线圈中必定要通过一交变电流，因而线圈中会产生自感电动势来阻碍电流的变化。线圈中的电流变化往往滞后外加电压的变化，所以 u_L 和 I 之间将出现相位差。

设 $$i = I_m\sin\omega t \qquad (1\text{-}25)$$

当 i 通过线圈时，将产生自感电动势 $e_L = -L\,di/dt$。外加电压 u_L 完全用来平衡线圈

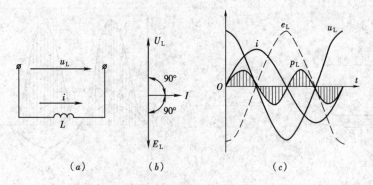

图 1-16　纯电感电路及其电流、电压的矢量图和曲线图

中所产生的自感电动势 e_L，即 u_L 与 e_L 在任何瞬间都是大小相等、方向相反。于是

$$u_L = (-e_L) = L\frac{\mathrm{d}i}{\mathrm{d}t} = L\frac{\mathrm{d}}{\mathrm{d}t}(I_m\sin\omega t)$$

$$= \omega L I_m\cos\omega t = \omega L I_m\sin\left(\omega t + \frac{\pi}{2}\right) \tag{1-26}$$

由公式（1-25）和式（1-26）可知，纯电感线圈中通过的正弦电流比线圈两端的正弦电压滞后 $\pi/2$ 电度角。在图 1-16（b）、（c）中分别画出了电压、电流的矢量图和曲线图。

根据式（1-26），此正弦电压的最大值为：

$$U_{Lm} = \omega L I_m$$

若两边同除以 $\sqrt{2}$，则得

$$U_L = \omega L I$$

或者说

$$I = \frac{U_L}{\omega L} = \frac{U_L}{X_L} \tag{1-27}$$

式中令

$$X_L = \omega L = 2\pi f L \tag{1-28}$$

X_L 称为电感抗（简称感抗），单位是欧姆。纯电感电路中的电流有效值，等于电压有效值与感抗的比值。

电路的瞬时功率为：

$$p_L = u_L i = U_{Lm}I_m\cos\omega t\sin\omega t$$

即

$$p_L = U_L I\sin2\omega t = I^2 X_L\sin2\omega t$$

如图 1-16（c）所示为 p_L 的变化曲线。由图可知，在 1/4 和 3/4 周期里，p_L 为正值，表示把电能转换为磁场能。在 2/4 和 4/4 周期里，p_L 为负值，表示把磁场能转换为电能送回电源。综上所述，纯电感电路在一个周期内时而储存能量，时而放出能量，即平均功率 $P = 0$。由此可见，纯电感线圈在电路中不消耗有功功率，电感线圈是储存能量的电路元件。

用来反映电路中能量互换的最大速率的量称为无功功率，用 Q_L 表示，即

$$Q_L = U_L I = I^2 X_L \tag{1-29}$$

无功功率的单位是乏（var）、千乏（kvar）。

四、纯电容电路

纯电容电路如图 1-17（a）所示。

设加在电容器两端的正弦电压为：

$$u_C = U_{Cm}\sin\omega t \qquad (1-30)$$

则电容器各个极板上的电荷分别是：

$$q = Cu_C = CU_{Cm}\sin\omega t$$

由上式可知，极板上的电荷与电路两端的电压成正比，电荷的移动产生了交变电流。图 1-17 所示为纯电容电路的矢量图和曲线图。

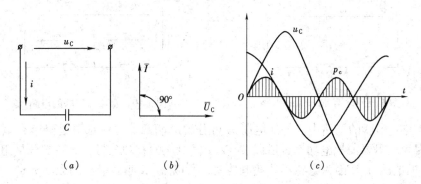

图 1-17　纯电容电路及其电流、电压的矢量图和曲线图

纯电容电路中的电流瞬时值为：

$$i = \frac{dq}{dt} = C\frac{du_C}{dt} = \omega CU_{Cm}\cos\omega t$$

即

$$i = \omega CU_{Cm}\sin\left(\omega t + \frac{\pi}{2}\right) \qquad (1-31)$$

比较式（1-30）和式（1-31）可知，纯电容电路中电流 i 比电压超前 $\pi/2$ 电度角。

根据式（1-31），此正弦电流的最大值为：

$$I_m = \omega CU_{Cm}$$

两边同除以 $\sqrt{2}$ 后，得有效值为：

$$I = \omega CU_C$$

或

$$I = \frac{U_C}{\frac{1}{\omega C}} = \frac{U_C}{X_C} \qquad (1-32)$$

式中令

$$X_C = \frac{1}{\omega C} = \frac{1}{2\pi fC} \qquad (1-33)$$

X_C 称为电容抗（简称容抗），单位是欧姆。由式（1-32）可知，在纯电容电路中，电流的有效值等于电压有效值与容抗的比值。

纯电容电路的瞬时功率为：

$$p_C = u_C i = U_{Cm}I_m\sin\omega t\cos\omega t$$

$$= U_C I\sin 2\omega t = I^2 X_C\sin 2\omega t$$

如图 1-17（c）所示为 p_C 的变化曲线。由图可知，在 1/4 和 3/4 周期里，$p_C > 0$（p_C 为正值）。表示将电能转换为电场能储存起来。在 2/4 和 4/4 周期里，p_C 为负值，表示将电场能转换为电能。在一个周期内纯电容消耗的有功功率等于零，即 $P = 0$，由此可见，电容是储能元件。

纯电容电路的无功功率为：

$$Q_C = U_C I = I^2 X_C$$

五、具有电阻和电感的串联电路

大多数用电器都同时含有电阻和电感，如图 1-18 所示，所以分析 R 与 L 的串联电路具有广泛的代表性。分析电路时往往用等效电路，如图 1-19 所示。

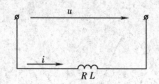
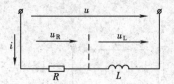

图 1-18　含有 R 和 L 的电路　　　　图 1-19　R 与 L 串联的电路

在 R 与 L 串联的电路中，外加电压 u 可分解成两部分：一部分是降落在电阻上的电压 u_R，因为电阻要消耗电功率，所以 u_R 又叫做电压的有功分量；另一部分是用来平衡自感电动势的电压 u_L，因为电感不消耗电功率，所以 u_L 又叫做电压的无功分量。因此，总电压的瞬时值为：

$$u = u_R + u_L$$

设：$i = I_m \sin\omega t$。

根据欧姆定律　　　　　　　$u_R = I_m R \sin\omega t = U_{Rm} \sin\omega t$

其有效值为 $U_R = IR$。

加在感抗两端的电压瞬时值为：

$$u_L = I_m X_L \sin\left(\omega t + \frac{\pi}{2}\right) = U_{Lm}\sin\left(\omega t + \frac{\pi}{2}\right)$$

其有效值 $U_L = IX_L$。因此，电路两端总电压的瞬时值为：

$$u = U_{Rm}\sin\omega t + U_{Lm}\sin\left(\omega t + \frac{\pi}{2}\right)$$

如图 1-20 所示为 R、L 串联电路中的电压、电流曲线图。由图可知：

$$u = U_m \sin(\omega t + \varphi) \tag{1-34}$$

由此可见，总电压同样按正弦规律变化，且超前于电流 φ 角，φ 表示电流 I 与总电压 U 之间的相位差。如图 1-21 所示。

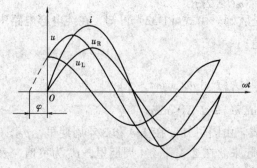
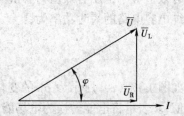

图 1-20　R、L 串联电路中的　　　　图 1-21　R、L 串联电路中的
　　　　电压、电流曲线图　　　　　　　　　　电压、电流矢量图

14

在串联电路中通过各元件的电流是相同的，因而在绘制矢量图时，通常把电流矢量作为参考矢量。$\overline{U}_R$ 与 $\overline{U}_L$ 的合成矢量为 $\overline{U}$，即为所求总电压，如图 1-21 所示。以 $\overline{U}_R$、$\overline{U}_L$、$\overline{U}$ 三边组成一个直角三角形，即为电压三角形。根据电压三角形求得

$$U = \sqrt{U_R^2 + U_L^2} = \sqrt{(IR)^2 + (IX_L)^2} = I\sqrt{R^2 + X_L^2} \tag{1-35}$$

或
$$I = \frac{U}{\sqrt{R^2 + X_L^2}} = \frac{U}{Z} \tag{1-36}$$

式中 $Z = \sqrt{R^2 + X_L^2}$ 称为电路的阻抗，单位是欧姆。将电压三角形的各边均除以电流 I，则得到阻抗三角形，如图 1-22 所示。将电压三角形的各边均乘以电流 I，则得到功率三角形，如图 1-23 所示。需要注意的是，电压三角形中为矢量，阻抗三角形和功率三角形中为标量。

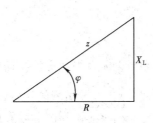

图 1-22　阻抗三角形图

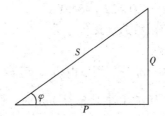

图 1-23　功率三角形

电流与总电压之间的相位差可从下式求得

$$\varphi = \arccos \frac{U_R}{U} = \arccos \frac{R}{Z}$$

或
$$\varphi = \text{arctg} \frac{U_L}{U_R} = \text{arctg} \frac{X_L}{R}$$

由此可见，φ 角的大小与电流、电压的量值无关，而是取决于用电器的电阻和感抗的大小。

电路的有功功率为：

$$P = I^2R = U_R I$$

$$\because \qquad U_R = U\cos\varphi$$

$$\therefore \qquad P = UI\cos\varphi \tag{1-37}$$

式中 $\cos\varphi$ 是电流与总电压之间相位差的余弦，叫做电路的功率因数。功率因数是表征交流电路状况的重要数据之一，其大小由用电器的性质来决定。

计算电路的功率因数，往往可通过阻抗三角形、电压三角形、功率三角形的关系来求出，即

$$\cos\varphi = \frac{R}{Z}, \quad \cos\varphi = \frac{U_R}{U}, \quad \cos\varphi = \frac{P}{S}$$

电路的无功功率为：

$$Q_L = U_L I = UI\sin\varphi$$

电路总电压 U 和电流 I 的乘积称电路的视在功率 S，$S = UI$，单位是伏安（VA）或千伏安（kVA）。

【例 1-4】 把电阻 $R = 6\Omega$、电感 $L = 25.5\text{mH}$ 的线圈接在频率为 50Hz、电压为 220V 的电路上，分别求 X_L、I、U_R、U_L、$\cos\varphi$、P、S。

【解】
$$X_L = 2\pi f L = 2\pi \times 50 \times \frac{25.5}{1000} = 8\Omega$$
$$Z = \sqrt{R^2 + X_L^2} = \sqrt{6^2 + 8^2} = 10\Omega$$
$$I = \frac{U}{Z} = \frac{220}{10} = 22\text{A}$$
$$U_R = IR = 22 \times 6 = 132\text{V}$$
$$U_L = IX_L = 22 \times 8 = 176\text{V}$$
$$\cos\varphi = \frac{R}{Z} = \frac{6}{10} = 0.6$$
$$P = UI\cos\varphi = 220 \times 22 \times 0.6 = 2904\text{W}$$
$$S = UI = 220 \times 22 = 4840\text{VA}$$

六、提高功率因数的意义和方法

1. 提高功率因数的意义

提高功率因数对充分利用发电机、变压器的容量和减少输电损耗有重要意义。在供电系统中，当输电电压 U 和电功率 P 一定时，输电电流 $I = \dfrac{P}{U\cos\varphi}$，负载的功率因数 $\cos\varphi$ 愈高，电路中电流就愈小，相应减小输电导线的截面积，节约了能源和输电导电材料。

提高供电线路的功率因数可以使电源设备的利用率得到充分发挥。如果功率因数过低，电源设备的容量不能充分利用。变压器在运行时有一个确定的值，负载的功率因数越低，其有功功率就越小，电源的利用率愈低。综上所述，提高功率因数是必要的，其意义就在于提高供电设备的利用率和提高输电效率。

2. 感性负载提高功率因数的方法

电力系统的大多数负载是感性负载，例如电动机、变压器等，这类负载的功率因数较低。为了提高电力系统的功率因数，常在负载两端并联电容器，其电路如图 1-24 所示。

并联电路端电压相等，以电压作为参考矢量，作出电压、电流矢量图，可以作出各支路电流的矢量图，如图 1-25 所示。

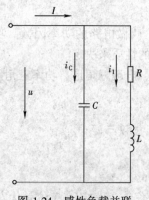

图 1-24 感性负载并联
电容器的电路

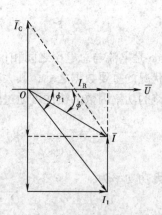

图 1-25 感性负载并联电容
后电压、电流矢量图

$$I_1 = \frac{U}{Z_1} = \frac{U}{\sqrt{R^2 + X_L^2}}$$

电流 $\bar{I}_1$ 滞后电压 $\bar{U}$ 为 φ_1，即

$$\varphi_1 = \cos^{-1}\frac{R}{Z} = \cos^{-1}\frac{R}{\sqrt{R^2 + X^2}}$$

通过电容支路的电流为：

$$I_C = \frac{U}{X_C}$$

电流 $\bar{I}_C$ 在相位上超前电压 $\bar{U}$ 为 $\frac{\pi}{2}$。电路总电流 $\bar{I} = \bar{I}_1 + \bar{I}_C$。由图 1-25 利用解析的方法可以求出 I，即

$$I = \sqrt{(I_1\cos\varphi_1)^2 + (I_1\sin\varphi_1 - I_C)^2}$$

总电流 $\bar{I}$ 在相位上滞后电压 $\bar{U}$ 一个 φ 角。

由分析可知，感性负载和电容并联后，线路上的总电流比未补偿时减小，且补偿后的相角 φ_1 小于补偿前的相角 φ，因而提高了线路的功率因数。

并联电容器电容值可由下式求出：

$$C = \frac{P}{\omega U^2}\ (\text{tg}\varphi_1 - \text{tg}\varphi) \tag{1-38}$$

【例 1-5】 某日光灯的规格为：P_e 为 40W，U_e 为 220V，接入频率为 $f = 50$Hz，电压 U 为 220V 的交流电源，通过日光灯的电流是 0.41A，试求日光灯的功率因数。若将功率因数提高到 0.9，问需要并联多大的电容器。

【解】 未并联电容器时,日光灯的功率因数是：

$$\cos\varphi_1 = \frac{P}{UI} = \frac{40}{220 \times 0.41} = 0.44$$

∵ $\quad\quad\quad\quad \cos\varphi_1 = 0.44 \quad$ 可得 $\text{tg}\varphi_1 = 2.04$

$\quad\quad\quad\quad\quad \cos\varphi = 0.9 \quad$ 可得 $\text{tg}\varphi = 0.48$

若将功率因数提高到 0.9,需要并联电容器的电容量为：

$$C = \frac{P}{\omega U^2}(\text{tg}\varphi_1 - \text{tg}\varphi) = \frac{40}{314 \times 220^2}(2.04 - 0.48) = 4.1\mu\text{F}$$

第三节 三相交流电路

三相交流电目前得到了广泛的应用。三相交流电路与单相交流电路相比较，在电能的产生、输送、分配和应用上都具有明显的优点，并能获得较高的经济效益。

一、三相交流电源的连接

三相交流电源是由三相发电机产生的。三相发电机的模型如图 1-26 所示，它主要由定子和转子构成。在定子上嵌入了三相绕组，转子是一对磁极的电磁铁，它以匀角速度 ω 逆时针方向旋转。如果三相绕组的形状、尺寸、匝数均相同，且三相绕组在空间位置上相互隔开 120°，则在三相绕组中感应出振幅相等、频率相同、相位互差 120° 的三相对称电动势，即三相交流电源。

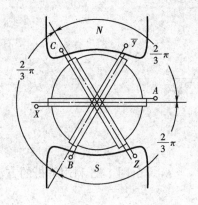

图 1-26 三相发电机模型平面图

三相电源的连接分为星形和三角形两种。

1. 三相电源的星形连接

图 1-27 是发电机绕组按星形连接的示意图。将发电机绕组的末端 X、Y、Z 连接在一起，成为公共节点，该点又称为中性点或者零点。从中性点引出的导线称为中性线。由发电机绕组的首端 A、B、C 分别引出三根线，称为端线或称为火线。有中性线的三相供电系统称为三相四线制供电系统。如果不引出中性线，只有三根端线的供电系统则称为三相三线制供电系统。

每相端线与中性线之间的电压称为相电压，如 u_A、u_B、u_C，其有效值为 U_A、U_B、U_C，一般用 U_P 表示相电压。电动势的正方向规定为由绕组的末端指向首端，相电压的正方向与电动势相反。由于发电机绕组上的三个交变电动势是对称的，所以三个相电压也是对称的。即：

$$\left.\begin{array}{l} u_A = \sqrt{2}\,U_A\sin\omega t \\[2mm] u_B = \sqrt{2}\,U_B\sin\left(\omega t - \dfrac{2}{3}\pi\right) \\[2mm] u_C = \sqrt{2}\,U_C\sin\left(\omega t + \dfrac{2}{3}\pi\right) \end{array}\right\} \tag{1-39}$$

端线与端线之间的电压称为线电压，如 u_{AB}、u_{BC}、u_{CA}。其有效值为 U_{AB}、U_{BC}、U_{CA}，一般用 U_L 表示，其方向是由注脚的先后次序来定。如 U_{AB} 其方向由 A 端线指向 B 端线。

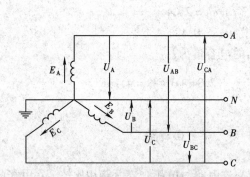

图 1-27 三相发电机绕组的星形连接图

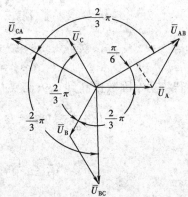

图 1-28 三相电源星形连接电压矢量图

由图 1-27 可知三相发电机绕组作星形（Y）连接时，相电压 U_P 与线电压 U_L 之间的关系为：

$$\left.\begin{array}{l} u_{AB} = u_A - u_B \\[1mm] u_{BC} = u_B - u_C \\[1mm] u_{CA} = u_C - u_A \end{array}\right\} \tag{1-40}$$

通过矢量图可以方便地分析和计算各电压，如图 1-28 所示为星形连接时的电压矢量图，电压相互间的关系为：

$$\left.\begin{array}{l} \overline{U}_{AB} = \overline{U}_A - \overline{U}_B \\ \overline{U}_{BC} = \overline{U}_B - \overline{U}_C \\ \overline{U}_{CA} = \overline{U}_C - \overline{U}_A \end{array}\right\} \tag{1-41}$$

由图 1-28 分析可知：

$$\left.\begin{array}{l} U_{AB} = 2U_A\cos\dfrac{\pi}{6} = \sqrt{3}\,U_A \\[2mm] U_{BC} = 2U_B\cos\dfrac{\pi}{6} = \sqrt{3}\,U_B \\[2mm] U_{CA} = 2U_C\cos\dfrac{\pi}{6} = \sqrt{3}\,U_C \end{array}\right\} \tag{1-42}$$

由此可得出线电压与相电压的数量关系为：

$$U_L = \sqrt{3}\,U_P \tag{1-43}$$

两者的相位关系是：线电压超前相电压 30°。

在 380/220V 三相四线制低压供电系统中，380V 为线电压，220V 为相电压，由此可知三相四线制能同时提供两种不同的电压，因此得到广泛应用。

2. 发电机绕组的三角形连接（△接）

三角形连接指的是把一组绕组的首端与另一组绕组的末端相连，并从三个连接点上引出三根端线，向外供电，即三相三线制供电系统，如图 1-29 所示。

三角形连接时，线电压与相电压是相等的。即：

$$\left.\begin{array}{l} U_{AB} = U_A \\ U_{BC} = U_B \\ U_{CA} = U_C \end{array}\right\} \tag{1-44}$$

同时可得：
$$U_L = U_P \tag{1-45}$$

发电机绕组的三角形连接，在没有接上外界负载时，绕组的本身就形成一个闭合回路。假如在此闭合回路内的三相绕组产生的电动势不对称，或者把某一相绕组的两个端钮接错，使其回路内的电动势矢量和不等于零。由于绕组的回路内阻很小，在此情况下，回路内会产生相当大的电流，使绕组过热而毁坏。所以当电源绕组接成三角形时，需要特别小心，切忌接反。

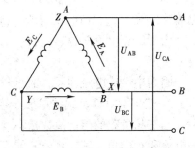

图 1-29　三相发电机绕组的三角形连接

在生产实践中，发电机的三相绕组很少采用三角形接法，通常都是采用星形连接。

二、三相负载的连接

接入单相电源的为单相负载，如各种照明灯具等。接入三相电源的为三相负载，如三相异步电动机等。在三相负载中，如果每相负载的阻抗数值相等，并且阻抗角也相等，即：

$$\left.\begin{array}{c} Z_a = Z_b = Z_c \\ \varphi_a = \varphi_b = \varphi_c \end{array}\right\} \tag{1-46}$$

则称为三相对称负载。不满足上述条件的三相负载称为三相不对称负载。

三相负载同电源连接时，分为星形（Y）连接和三角形（△）连接。

（一）三相负载的星形连接

1. 连接方式

三相负载的星形连接是将各相负载 Z_a、Z_b、Z_c 的一个端钮连接在一起，并接到电源的中性线上，而将各相负载的另一个端钮分别与电源的三根端线相连。如图 1-30 所示。

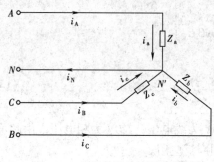

图 1-30　三相负载的星形连接

在三相电路中，通过各相负载的电流 I_a、I_b、I_c 称为相电流。通过各端线的电流 I_A、I_B、I_C 称为线电流。当三相负载作星形连接时，线电流与相电流是相等的。即

$$I_A = I_a; \quad I_B = I_b; \quad I_C = I_c$$

写成一般形式：

$$I_L = I_P \tag{1-47}$$

式中，I_L 为线电流，I_P 为相电流。

中性线上的电流为三个相电流之和，即：

$$i_N = i_a + i_b + i_c$$

2. 三相对称负载的星形连接

若三相负载 Z_a、Z_b、Z_c 满足公式（1-46），称为三相对称负载。负载和电源均对称的三相电路称为对称三相电路。

由于负载和电源的对称性，可以简化计算：

$$I_a = I_b = I_c$$

$$\varphi_a = \varphi_b = \varphi_c$$

如图 1-31 所示为三相对称负载作星形连接的电压电流矢量图。可知三相电压和三相电流均对称，φ_a、φ_b、φ_c 为各相电压与相电流之间的相位差。

由于三相电流对称，则：

$$\overline{I}_N = \overline{I}_a + \overline{I}_b + \overline{I}_c = 0$$

因为中性线电流为零，故可省略中性线，构成三相三线制供电系统。

3. 三相不对称负载的星形连接

当三相负载的阻抗值数量不等或阻抗性质不同时，则称为不对称负载。应分别计算每相电流和相位角，其计算公式如下：

$$I_a = \frac{U_A}{Z_a}; \quad I_b = \frac{U_B}{Z_b}; \quad I_c = \frac{U_C}{Z_c} \tag{1-48}$$

$$\varphi_a = \text{tg}^{-1}\frac{X_a}{R_a}; \quad \varphi_b = \text{tg}^{-1}\frac{X_b}{R_b}; \quad \varphi_c = \text{tg}^{-1}\frac{X_c}{R_c} \tag{1-49}$$

由于三相负载不对称，故三相电流不对称，各相位角不相等。如图 1-32 所示三相不

对称负载作星形连接时的矢量图。由于三相电流不对称，则中性线电流不为零，即：

$$\overline{I}_N = \overline{I}_a + \overline{I}_b + \overline{I}_c \neq 0$$

当三相不对称负载作星形连接时，因为中性线电流不为零，故不能省略中性线，且在中性线上不允许安装开关和熔断器。

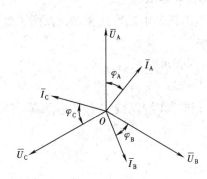

图 1-31 对称负载作星形
连接电压、电流矢量图

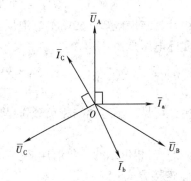

图 1-32 不对称负载作星
形连接时电流、电压矢量图

【例 1-6】 在 380/220V 的三相四线制供电照明线路中，A 相接一个 220V、100W 的白炽灯泡，B 相不接负载（即 B 相断开）；C 相接一个 220V、60W 的白炽灯泡。电路如图 1-33 所示。试求（1）开关 S 闭合时（中性线不断开）各相电流；（2）当开关 S 断开时（中性线断开）会发生什么情况？

【解】 （1）当开关 S 处于闭合时（有中性线），先计算出两个灯泡的电阻值。

$$R_a = \frac{U^2}{P} = \frac{220^2}{100} = 484\Omega$$

$$R_c = \frac{U^2}{P} = \frac{220^2}{60} = 806.7\Omega$$

根据欧姆定律，可计算出各相电流：

$$I_a = \frac{U_A}{R_a} = \frac{220}{484} = 0.45A$$

$$I_b = 0$$

$$I_c = \frac{U_C}{R_c} = \frac{220}{806.7} = 0.27A$$

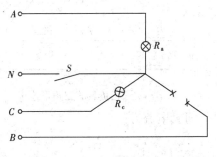

图 1-33 例题 1-6 图

因为有中性线存在，各相负载的端电压仍然是三相电源的相电压，尽管 B 相断开，A 相与 C 相中的两个灯泡仍可以正常工作，此时中性线上有电流通过。根据矢量关系或者用余弦定理，可以求得：

$$I_N = \sqrt{I_a^2 + I_c^2 + 2I_aI_c\cos120°}$$

$$= \sqrt{0.45^2 + 0.27^2 - 2 \times 0.45 \times 0.27 \times \frac{1}{2}} = 0.39A$$

（2）若将开关 S 断开，电路将变为不对称负载且无中性线的情况。从电路图 1-33 可以看出，两个灯泡相当于串联在线电压 U_{AC} 之间，通过它们的电流为：

$$I = \frac{U_{AC}}{R_a + R_c} = \frac{380}{806.7 + 484} = 0.29\text{A}$$

两个灯泡实际消耗的电功率是：

$$P_{100} = I^2 \cdot R_a = 0.29^2 \times 484 = 40.7\text{W}$$

$$P_{60} = I^2 \cdot R_c = 0.29^2 \times 806.7 = 67.8\text{W}$$

由计算结果得知，60W 的灯泡反比 100W 的灯泡消耗的电功率还要多，而两个灯泡两端的实际电压是：

$$U_a = IR_a = 0.29 \times 484 = 140.4\text{V}$$

$$U_c = IR_c = 0.29 \times 806.7 = 233.9\text{V}$$

由此可见，不对称三相负载作星形连接接入三相电源时，没有中性线电路则无法正常工作。

（二）三相负载的三角形连接

1．连接方式

三角形连接指的是依次将一相负载的首端与另一相负载的末端相连，组成一个闭合的三角形。然后将其连接点 a、b、c 接入三相电源的三根端线上，如图 1-34 所示。

由图 1-34 可以看出，不论是对称三相负载还是不对称三相负载，各相负载都是接在两端线之间，即：

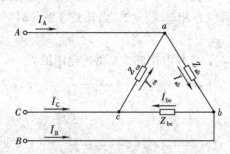

图 1-34　三相负载的三角形连接

$$U_a = U_{AB}; \quad U_b = U_{BC}; \quad U_c = U_{CA}$$

由此可知，三相负载作三角形连接时，线电压等于相电压，负载承受的是电源电压。根据克希荷夫第一定律列出三个节点 a、b、c 的电流方程式。

$$\left. \begin{aligned} i_A &= i_{ab} - i_{ca} \\ i_B &= i_{bc} - i_{ab} \\ i_C &= i_{ca} - i_{bc} \end{aligned} \right\} \quad (1\text{-}50)$$

每相电流为：

$$\left. \begin{aligned} I_{ab} &= \frac{U_{AB}}{Z_a} \\ I_{bc} &= \frac{U_{BC}}{Z_b} \\ I_{ca} &= \frac{U_{CA}}{Z_c} \end{aligned} \right\} \quad (1\text{-}51)$$

相电流与相电压的相位差可以写成：

$$\left. \begin{aligned} \varphi_a &= \text{tg}^{-1}\frac{X_a}{R_a} \\ \varphi_b &= \text{tg}^{-1}\frac{X_b}{R_b} \\ \varphi_c &= \text{tg}^{-1}\frac{X_c}{R_c} \end{aligned} \right\} \quad (1\text{-}52)$$

22

2．三相对称负载的三角形连接

当三相负载对称时，即 $Z_a = Z_b = Z_c$，$\varphi_a = \varphi_b = \varphi_c$，则根据公式（1-51）和（1-52）可以看出，三个相电流的有效值是相等的，即

$$I_{ab} = I_{bc} = I_{ca}$$

相电流与相对应的相电压的相位差也是相等的，即

$$\varphi_a = \varphi_b = \varphi_c$$

因为三相电压对称，故三相电流也对称。如图 1-35 所示为电流矢量图，分析可知：

$$I_A = 2I_{ab}\cos\frac{\pi}{6} = \sqrt{3}\,I_{ab}$$

$$I_B = 2I_{bc}\cos\frac{\pi}{6} = \sqrt{3}\,I_{bc}$$

$$I_C = 2I_{ca}\cos\frac{\pi}{6} = \sqrt{3}\,I_{ca}$$

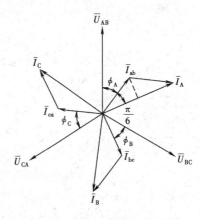

图 1-35　对称负载作三角形连接
时线电流与相电流的矢量图

因为相电流对称，故线电流也对称。上式可以写成一般关系式：

$$I_L = \sqrt{3}\,I_P \qquad (1-53)$$

三相对称负载作三角形连接时，线电流在数量上是相电流的 $\sqrt{3}$ 倍，在相位上线电流滞后相电流 $\frac{\pi}{6}$。

【例 1-7】　有一组对称三相负载作三角形连接，每相负载 $R = 4\Omega$，$X_L = 3\Omega$，接入线电压为 380V 的三相对称电源上，如图 1-36 所示。试求相电流、线电流，并画出电压、电流矢量图。

【解】　因为负载连接成三角形，故 $U_P = U_L = 380V$。相电流的有效值为：

$$I_P = \frac{U_P}{Z} = \frac{380}{\sqrt{4^2 + 3^2}} = 76A$$

线电流的有效值为：

$$I_L = \sqrt{3}\,I_P = \sqrt{3} \times 76 = 131.5A$$

相电流与相电压之间的相位差为：

$$\varphi_a = \varphi_b = \varphi_c = \mathrm{tg}^{-1}\frac{X_c}{R} = \mathrm{tg}^{-1}\frac{3}{4} = 37°$$

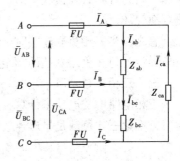

图 1-36　例题 1-7 图

根据计算结果可得到图 1-37 的电流、电压矢量图。

3．不对称负载的三角形连接

如果三相负载不对称，则通过各相负载的相电流就会不相等，只能逐相按公式（1-51）分别进行计算。线电流同样需要按公式（1-50）逐个进行计算。显然在这种情况下，线电流与相电流之间不存在 $\sqrt{3}$ 倍的关系。

在［例 1-7］中，作三角形连接的三相负载是对称的，如果发生以下三种事故，对称

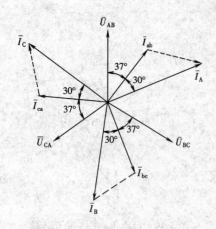

图 1-37　例题 1-7 电流、电压矢量图

负载变为不对称负载，需按不对称负载作三角形连接的交流电路来分析。

（1）当 AB 相之间发生短路，AB 两相的端线中将会有很大的短路电流通过。其结果是熔断器被熔断，则各相负载中均无电流通过。

（2）当 AB 相负载 Z_a 断开，$I_{ab} = 0$。由此引起，$\bar{I}_A = -\bar{I}_{ca}$，$\bar{I}_B = \bar{I}_{bc}$，但是 $\bar{I}_C$ 及 $\bar{I}_{bc}$、$\bar{I}_{ca}$ 均不受影响。由上述例题的计算结果可知，此时三个线电流的大小分别为：$I_A = 76A$、$I_B = 76A$，$I_C = 131.5A$。

（3）当端线 A 断开时，BC 相负载 Z_{bc} 不受影响，AB 相负载 Z_{ab} 与 CA 相负载 Z_{ca} 形成串联关系，且接在 B、C 两端线之间，电压为 380V。根据欧姆定律，可以计算出通过负载 Z_{ab} 和 Z_{ca} 的电流为：

$$I = \frac{U_{BC}}{Z'} = \frac{380}{\sqrt{(3+3)^2 + (4+4)^2}} = 38A$$

负载 Z_{ab} 和 Z_{ca} 两端的电压分别为：

$$U'_a = IZ_{ab} = 38 \times 5 = 190V$$

$$U'_c = IZ_{ca} = 38 \times 5 = 190V$$

综上所述，三相负载可以接成星形，也可以接成三角形。在实际工作中，究竟接成哪一种形式呢？这里需要遵循的原则是：无论是星形接法还是三角形接法都必须保证每相负载的端电压等于负载的额定电压。例如对于线电压为 380V 的三相电源，当三相电动机绕组的额定电压为 220V 时，应接成星形；当三相电动机绕组的额定电压为 380V 时，则应接成三角形。又如在使用额定电压为 220V 的白炽灯泡作三相负载时，接入 380/220V 的三相电源，白炽灯则必须接成星形，若接成三角形时每相灯泡负载所得的电压为 380V，将会使灯泡烧坏。

总之，当三相负载连接时，若每相负载两端的额定电压等于电源线电压，负载应接成三角形；若每相负载两端的额定电压等于电源的相电压时，负载应接成星形。

三、三相电路功率

三相电路中的电功率计算，其方法和单相电路完全一样。三相电路中负载上总的有功功率，不论三相负载是星形连接或三角形连接，都等于各相负载的有功功率之和，即

$$P = P_a + P_b + P_c$$

$$= U_a I_a \cos\varphi_a + U_b I_b \cos\varphi_b + U_c I_c \cos\varphi_c \qquad (1-54)$$

三相电路的无功功率也等于各相负载的无功功率之和，即

$$Q = Q_a + Q_b + Q_c$$

$$= U_a I_a \sin\varphi_a + U_b I_b \sin\varphi_b + U_c I_c \sin\varphi_c \qquad (1-55)$$

三相电路的视在功率为：

$$S = \sqrt{P^2 + Q^2} \qquad (1-56)$$

上述各式中的 U_a、U_b、U_c 或 I_a、I_b、I_c 均指相电压和相电流；φ_a、φ_b、φ_c 均指各

相负载的功率因数角。

如果三相负载是对称的，无论是 Y 接或△接，三相负载的总功率可以由下式计算：

$$\left.\begin{array}{l} P = 3P_a = 3U_pI_p\cos\varphi \\ Q = 3Q_a = 3U_pI_p\sin\varphi \\ S = \sqrt{P^2 + Q^2} = 3U_pI_p \end{array}\right\} \tag{1-57}$$

通常在电路中测量线电压和线电流比较容易，故在电功率的计算公式中还可用线电压和线电流来表示。

当负载作星形连接时，$I_L = I_P$；$U_L = \sqrt{3}\,U_P$

$$P = 3\frac{U_L}{\sqrt{3}}I_L\cos\varphi = \sqrt{3}\,U_LI_L\cos\varphi$$

当负载作三角形连接时，$I_L = \sqrt{3}\,I_P$；$U_L = U_P$

$$P = 3U_L\frac{I_L}{\sqrt{3}}\cos\varphi = \sqrt{3}\,U_LI_L\cos\varphi$$

可见，对称的三相负载，不论是作星形连接或作三角形连接，三相电路的有功功率为：

$$P = \sqrt{3}\,U_LL_L\cos\varphi \tag{1-58}$$

同理：

$$Q = \sqrt{3}\,U_L \cdot I_L\sin\varphi \tag{1-59}$$

$$S = \sqrt{3}\,U_LI_L \tag{1-60}$$

【例 1-8】 有一对称三相负载，每相负载的电阻 $R = 6\Omega$，感抗 $X_L = 8\Omega$，电源电压为 380/220V。求该负载作星形连接和三角形连接时所消耗的电功率。

【解】 根据题意可以求出每一相负载的阻抗和阻抗角

$$Z = \sqrt{R^2 + X_L^2} = \sqrt{6^2 + 8^2} = 10\Omega$$

$$\varphi = \text{tg}^{-1}\frac{X_L}{R} = \text{tg}^{-1}\frac{8}{6} = 53°$$

（1）当负载作星形连接时

$$U_P = \frac{U_L}{\sqrt{3}} = \frac{380}{\sqrt{3}} = 220V$$

$$I_P = \frac{U_P}{Z} = \frac{220}{10} = 22A$$

负载的有功功率，根据公式（1-58）可得：

$$P_Y = \sqrt{3}\,U_L \cdot I_L\cos\varphi = \sqrt{3} \times 380 \times 10^{-3} \times 22 \times 0.6 = 8.7kW$$

（2）当负载作三角形连接时

$$U_P = U_L = 380V$$

$$I_P = \frac{U_P}{Z} = \frac{380}{10} = 38A$$

$$I_L = \sqrt{3}\,I_P = \sqrt{3} \times 38 = 66A$$

负载的有功功率等于：

$$P_\triangle = \sqrt{3}\,U_L \cdot I_L \cos\varphi = \sqrt{3} \times 380 \times 10^{-3} \times 66 \times 0.6 = 26.1\text{kW}$$

可见：$P_\triangle \neq P_Y$ 且 $P_\triangle = 3P_Y$

结论：在电源电压不变的情况下，三相负载由星形连接改为三角形连接，则：$P_\triangle = 3P_Y$。由此可知要使负载正常运行，必须采用正确的接法，如应采用星形接法而错误地接成三角形，就会发生事故，使负载过热而烧毁。反之同样不可取。

思 考 题 与 习 题

1. 在图 1-38 中，已知 $E = 20\text{V}$，$r_0 = 1\Omega$，$r_{线} = 1\Omega$，$R = 7\Omega$，求 I、U、U_1、$P_{电源}$、$P_{负载}$ 以及电源和线路上的功率损耗。

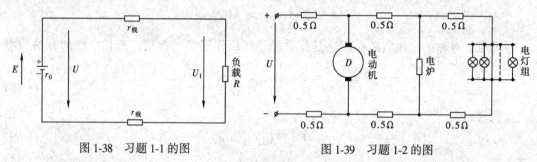

图 1-38　习题 1-1 的图　　　　　图 1-39　习题 1-2 的图

2. 在图 1-39 中有一台电动机、一只电炉和 11 盏电灯。电动机取用的功率为 1.35kW，电炉的功率为 600W，每盏电灯的功率为 100W。各段连接线的电阻示于图上。当所有负载均接入线路时，量得电灯组两端的电压为 110V，求电源端电压 U、各段线路的功率损耗和电源供给的总功率。

3. 已知一正弦交流电流 $i = 4\sqrt{2}\sin\left(628t + \dfrac{\pi}{4}\right)$ A，试求出该电流最大值、有效值、角频率、频率、周期及初相位。$t = 0$ 时刻，电流的瞬时值是多少？经过多长时间电流达到最大值。

4. 有两个同频率的正弦交流电压 u_1 和 u_2，其有效值均为 100V，当两者的相位差分别是 0、$\dfrac{\pi}{3}$、$\dfrac{\pi}{2}$、π 时，利用矢量图分别求出它们的合成电压 $u = u_1 + u_2$ 的有效值。

5. 有一线圈的电阻 $R = 6\Omega$，电感 $L = 254\text{mH}$，将它接在频率为 50Hz，电压为 220V 的交流电源上。试求通过线圈的电流大小，电压与电流的相位差是多少？有功功率和无功功率分别是多少？

6. 有一个具有电阻和电感的线圈，接到电压为 48V 的直流电源上，测得通过线圈的电流是 8A；若接到 $f = 50\text{Hz}$，电压为 100V 的交流电源时，通过线圈的电流仍是 8A。试求线圈的电感 L 和电阻 R。

7. 有一台交流电动机接在 $U = 220\text{V}$，频率 $f = 50\text{Hz}$ 的电源上，电动机的取用功率是 2kW，功率因数 $\cos\varphi_1 = 0.6$，若使电动机供电线路的功率因数提高到 $\cos\varphi = 0.9$，需并联多大的电容器。

8. 有一台交流发电机，其额定容量 $S_N = 10\text{kVA}$，额定电压 220V，频率 $f = 50\text{Hz}$，使其与一感性负载相连，负载的功率因数 $\cos\varphi = 0.6$，功率 $P = 8\text{kW}$，试问：（1）在此情况下，发电机的电流是否超过其额定值；（2）如果将 $\cos\varphi$ 从 0.6 提高到 0.95，应在负载两端并联多大的电容器？功率因数提高后发电机的容量是否有剩余。

9. 已知三相交流电源的相序依次是 A、B、C，若 A 相的电动势 $e_A = E_m\sin\left(\omega t + \dfrac{\pi}{2}\right)$，写出 e_B、e_C 瞬时值解析式，并画出三相电动势的矢量图。

10. 有一三相对称负载，接入电压为 380V 的三相电源，每相负载的电阻 $R = 40\Omega$；感抗 $X_L = 30\Omega$，作三角形连接，如图 1-40 所示。求各相电流、线电流及三相电功率，并画出电流、电压的矢量图。

11. 有三个单相负载，$Z_A = R_A = 110\Omega$；$Z_B = X_{LB} = 110\Omega$；$Z_C = X_{CC} = 110\Omega$，作星形连接，接入相电压 $u_A = 220\sqrt{2}\sin\omega t$ 的三相电路中，如图 1-41 所示。求通过各相负载的电流及中线电流，并作出电流、电压的矢量图。

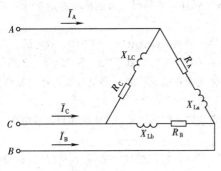

图 1-40 习题 1-10 的图

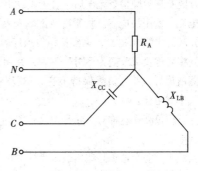

图 1-41 习题 1-11 的图

实验一 三相负载的星形连接

一、目的

(1) 掌握三相负载的星形连接方法。

(2) 验证三相负载作星形连接时，线电压与相电压、线电流与相电流之间的关系。

(3) 了解不对称三相负载作星形连接时中线的作用。

二、实验线路及原理

实验线路如图 1-42 所示。

当三相对称电源供电时，三相对称负载作星形连接，不论有无中线，线电压等于相电压的 $\sqrt{3}$ 倍，即 $U_L = \sqrt{3}\,U_P$。

负载作星形连接时，通过各相负载的电流即为通过各端线的电流，即 $I_L = I_P$。当三相负载对称时，各相负载的电流在量值上相等，即 $I_A = I_B = I_C$，在相位上互差 $\frac{2}{3}\pi$。三个相电流（或三个线电流）是对称的。此时通过中线的电流为 I_A、I_B、I_C 三个电流的矢量和，即

$$\dot{I}_N = \dot{I}_A + \dot{I}_B + \dot{I}_C = 0$$

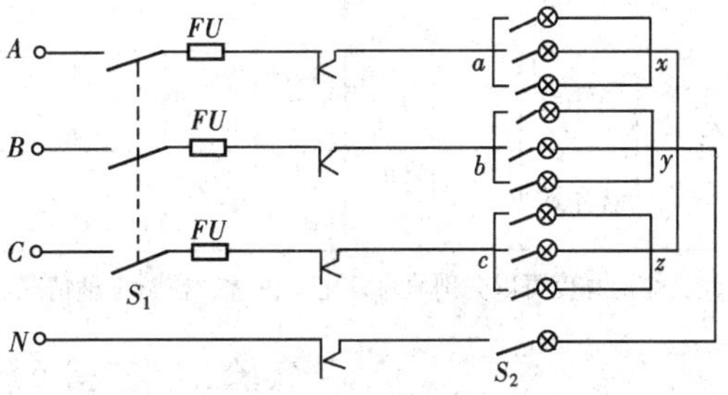

图 1-42 三相负载作星形连接时的实验线路图

由于中线电流等于零，故省略中线不会影响电路的正常运行。

当三相不对称负载作星形连接时，在有中线的情况下，各相负载承受的电压为电源电压，满足关系式 $U_L = \sqrt{3}\,U_P$。由于负载不对称，通过各相负载的电流不相等，即 $I_A \neq I_B \neq I_C$。此时中线的电流不等于零，即：

$$\dot{I}_N = \dot{I}_A + \dot{I}_B + \dot{I}_C \neq 0$$

如果三相不对称负载作星形连接时不接中线，虽然电源的线电压对称，但各相负载承受的相电压不对称，不满足 $U_L = \sqrt{3}\,U_P$ 的关系式。则会出现有的负载承受电压过高，有的负载承受电压过低，造成供

电事故。可见，三相不对称负载作星形连接时，取消中线是非常危险的，中线的作用在于保证每相负载承受对称的相电压。

三、步骤

(1) 熟悉三相电源的相线、中线以及三相负载（灯箱）的线路结构，各种仪表的使用方法和注意事项。

(2) 按实验线路图 1-42 将对称的三相负载接入三相电源，并合上中线开关 S_2。

(3) 经指导教师检查无误后，合上电源开关 S_1，观察白炽灯工作情况。分别测量各线电压、相电压、线电流以及中线电流。将所得数据填入表 1-1 中。

(4) 断开中线开关 S_2，观察各相白炽灯的亮度有无变化，再测量各线电压、相电压、线电流。

(5) 将对称负载改变为不对称负载，并闭合中线开关 S_2（可将 A 相负载变为一盏白炽灯；B 相负载变为两盏白炽灯；C 相负载保持不变）。观察各相白炽灯亮度变化情况。同时测量各线电压、相电压、线电流及中线电流。

(6) 三相负载不对称时，断开中线开关 S_2，观察各相负载灯光变化情况，并依次测量各线电压、相电压、线电流。

在实验中，为了避免某些负载上承受的电压超过 220V（即白炽灯泡的额定电压），可以利用三相调压器将三相电源的电压适当调低。在设置不对称三相负载时，也可以使 A 相负载全部断开，B 相负载接入两盏白炽灯泡，C 相负载接入一盏白炽灯，这样便于计算。

四、记录与计算

测 量 结 果   表 1-1

电路状态		相电压（V）			线电压（V）			线电流（A）			灯泡亮度			中线电流（A）
		U_A	U_B	U_C	U_{AB}	U_{BC}	U_{CA}	I_A	I_B	I_C	A 相	B 相	C 相	
对称负载	有中线													
	无中线													
不对称负载	有中线													
	无中线													

注：灯泡亮度可以分别填写较亮、正常、较暗三种情况。

实验二 三相负载的三角形连接

一、目的

(1) 掌握三相负载的三角形连接方法。

(2) 验证三相对称负载作三角形连接时，线电流与相电流之间的关系。

二、实验线路与原理

实验线路如图 1-43 所示。

三相对称负载为三角形连接时，线电流是相电流的 $\sqrt{3}$ 倍，即

$$I_A = I_B = I_C = \sqrt{3}\,I_{ab} = \sqrt{3}\,I_{bc} = \sqrt{3}\,I_{ca}$$

当三相不对称负载为三角形连接时，线电流和相电流之间将不满足 $I_L = \sqrt{3}\,I_P$ 的关系式。

三相负载不论对称与否，电源的线电压与相电压均满足关系式，即 $U_L = U_P$。

三、步骤

（1）熟悉电路的连接以及仪表的使用方法和注意事项。

（2）按实验线路图 1-43 将对称的三相负载作三角形连接并接入三相对称电源。

（3）经指导教师检查无误后，闭合电源开关 S，观察灯泡工作是否正常。测量各线电压、相电压、线电流、相电流，并将所测量数据填入表 1-2 中。

（4）将三相负载由对称改为不对称，即 A 相负载关闭两盏灯，B 相负载关闭一盏灯，C 相负载保持不变。然后再接通电源，观察各相负载的工作情况，依次测量各线电压、相电压、线电流与相电流。

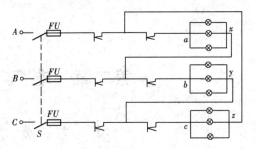

图 1-43　三相负载作三角形
连接时的实验线路图

测　量　结　果　　　　　　　　　　　表 1-2

电路状态	线电压（V）			相电压（V）			线电流（A）			相电流（A）			灯泡亮度		
	U_{AB}	U_{BC}	U_{CA}	U_{ab}	U_{bc}	U_{ca}	I_A	I_B	I_C	I_{ab}	I_{bc}	I_{ca}	A 相	B 相	C 相
对称负载															
不对称负载															

注：灯泡亮度可以分别填写较亮、正常、较暗三种情况。

实 验 思 考 题

（1）通过实验说明三相负载作星形连接和三角形连接时，电源线电压与负载承受的相电压之间有什么关系。

（2）三相对称负载和三相不对称负载分别作星形连接时，两种情况下中线能否取消？为什么？中线起什么作用。

（3）三相对称负载作三角形连接时，若断开 A 相负载 Z_A，观察其他两相负载能否继续正常工作。若切断一相电源，三相负载的工作情况会发生什么变化。

第二章 电气工程常用材料

第一节 常用导电材料

在电气工程中使用最广泛的金属导电材料是铜和铝。铜是最常用的导电金属。具有导电性高、导热性好、机械性能好、易焊接、便于加工和耐腐蚀等特性，属于非磁性物质。铝具有良好的导电性、导热性、耐腐蚀性、且相对密度小，易于压力加工制造，有一定的机械强度，属于非磁性物质。

一、导线

导线又称为电线，常用导线可分为绝缘导线和裸导线。导线的线芯要求导电性能好、机械强度大、质地均匀、表面光滑、无裂纹、耐蚀性好。导电的绝缘层要求绝缘性能好，质地柔韧且具有相当的机械强度，能耐酸、碱、油、臭氧的侵蚀。

（一）架空线

架空线路一般都采用裸导线，无绝缘层的导线称为裸导线。常用的导线有铝绞线、钢芯铝绞线、铜绞线、钢绞线等。

铝绞线机械强度小，常用于 10kV 以下的线路上，其档距不超过 25～50m。

钢芯铝绞线机械强度较高，在高压架空线路上得到广泛应用。

铜绞线具有很高的导电性能和足够的机械强度，但由于铜绞线价格较贵，在高压线路中较少使用。

钢绞线的特点是机械强度高、电阻率大、易生锈，通常用在 35kV 及以上高压架空线路作为避雷线。为防止生锈应采用镀锌钢绞线。

裸导线文字符号含义见表 2-1。

裸导线文字符号含义

表 2-1

线芯材料		特　性								派　生	
		形　状		加　工		软、硬		轻、加强			
符　号	意　义	符　号	意　义	符　号	意　义	符　号	意　义	符　号	意　义	符　号	意　义
T	铜线	Y	圆形	J	绞制	R	柔软	Q	轻型	1	第一种
L	铝线	G	沟形	X	镀锡	Y	硬	J	加强型	2	第二种
						F	防腐			3	第三种
						G	钢芯				

几种裸导线的规格见表 2-2～表 2-5。

（二）绝缘导线

建筑物内及车间的动力和电气照明线路，一般均采用绝缘导线。具有绝缘包层（单层或数层）的导线称为绝缘导线。

LJ型硬铝绞线技术规格 表 2-2

标称截面 （mm²）	股数×外径 （mm）	计算截面 （mm²）	导线外径 （mm）	直流电阻（温度 +20℃时）（Ω/km） 不大于	导线重量 （kg/km）	制造长度 （m） 不小于
16	7×1.70	15.90	5.10	1.98	44	4500
25	7×2.12	24.70	6.40	1.28	68	4000
35	7×2.50	34.40	7.50	0.92	95	4000
50	7×3.00	49.50	9.00	0.64	136	3500
70	7×3.55	69.50	10.70	0.46	191	2500
95	7×4.12	93.30	12.50	0.34	257	2000
120	19×2.80	117.00	14.00	0.27	322	1500
150	19×3.15	148.00	15.80	0.210	407	1250
185	19×3.50	183.00	17.50	0.170	503	1000
240	19×4.00	239.00	20.00	0.132	656	1000
300	37×3.20	298.00	22.40	0.106	817	1000
400	37×3.69	396.00	25.80	0.080	1087	800

LGJ型钢芯铝绞线技术规格 表 2-3

标称 截面 （mm²）	（mm）		计算截面（mm²） 结构尺寸		计算外径 （mm）		直流电阻（温 度+20℃时） （Ω/km） 不大于	导线 重量 （kg/km）	制造长度 （m） 不小于
	铝 股	钢 芯	铝 股	钢 芯	导线铝股	钢 芯			
10	5×1.60	1×1.20	10.10	1.13	4.40	1.20	3.12	36	2000
16	6×1.80	1×1.80	15.30	2.50	5.40	1.80	2.04	62	1500
25	6×2.20	1×2.20	22.80	3.80	6.60	2.20	1.38	92	1500
35	6×2.80	1×2.80	36.90	6.20	8.40	2.80	0.85	150	1000
50	6×3.20	1×3.20（或7×1.10）	48.30	8.00	9.60	3.20	0.65	196	1250
70	6×3.80	1×3.80（或7×1.30）	68.00	11.30	11.40	3.80	0.46	275	1250
95	28×2.08	7×1.80	95.20	17.80	13.70	5.40	0.33	404	1500
120	28×2.29	7×2.00	115.32	22.00	15.20	6.00	0.27	492	1500
150	28×2.59	7×2.20	147.52	26.60	17.00	6.65	0.21	617	1500
185	28×2.87	7×2.50	181.00	34.40	19.00	7.50	0.17	771	1500
240	28×3.29	7×2.80	238.00	43.10	21.60	8.40	0.132	997	1500
300	28×3.66	7×3.20	295.00	56.30	24.20	9.60	0.107	1257	1000
400	28×4.24	19×2.20	395.00	72.20	28.00	11.00	0.080	1460	1000

TJ型铜绞线技术规格 表 2-4

型号	标称截面 （mm²）	股数×外径 （mm）	计算截面 （mm²）	导线外径 （mm）	直流电阻 （温度+20℃时） （Ω/km）不大于	导线重量 （kg/km）
TJ-16	16	7×1.68	15.5	5.0	1.2	143
TJ-25	26	7×2.11	24.5	6.3	0.74	220
TJ-35	35	7×2.49	34.1	7.5	0.54	310
TJ-50	50	7×2.97	48.5	8.9	0.39	440
TJ-70	70	19×2.14	68.3	10.6	0.28	613
TJ-95	95	19×2.49	92.5	12.4	0.20	830

型号	标称截面 （mm²）	股数×外径 （mm）	计算截面 （mm²）	导线外径 （mm）	直流电阻 （温度＋20℃时） （Ω/km）不大于	导线重量 （kg/km）
TJ-120	120	19×2.8	117.0	14.0	0.158	1060
TJ-150	150	19×3.15	148.0	15.8	0.123	1324
TJ-180	180	37×2.49	180.0	17.5	0.103	1630
TJ-240	240	37×2.84	235.0	19.9	0.078	2150

GJ 型镀锌钢绞线技术规格　　表 2-5

标称 截面 （mm²）	钢绞线 外　径 （mm）	股数×钢 丝外径 （mm）	总截面 （mm²）	钢绞线破坏拉断力（kg），不小于 钢丝标称抗拉强度（MPa），不小于						导线重量 （kg/km）
				1000	1100	1200	1300	1400	1500	
18	5.4	7×1.8	17.78	16.20	17.80	19.60	21.20	22.30	24.40	15.22
22	6.0	7×2.0	21.98	20.10	22.10	24.20	26.20	28.20	30.20	18.82
26	6.6	7×2.2	26.60	24.40	26.60	29.30	31.70	34.20	36.70	22.77
30	7.2	7×2.4	31.34	29.00	32.00	34.80	37.80	40.70	43.60	27.09
35	7.5	7×2.5	34.35	31.50	34.60	37.80	41.00	44.10	47.30	29.39
37	7.8	7×2.6	37.17	34.10	37.40	41.00	44.40	47.80	51.20	31.82
43	8.4	7×2.8	43.05	35.90	43.50	47.40	51.40	55.30	59.30	36.86
50	9.0	7×3.0	49.49	45.40	50.00	54.50	59.10	63.60	68.20	42.37
55	9.6	7×3.2	56.28	51.60	57.00	62.10	67.20	72.40	77.60	48.18
67	10.5	7×3.5	67.34	61.80	68.00	74.30	80.50	86.70	92.90	57.65
88	12.0	7×4.0	87.99	80.70	88.50	96.60	104.50			75.33
48	9.0	19×1.8	48.26	43.30	47.60	52.10	56.40	60.70	65.00	41.11
60	10.0	19×2.0	59.60	53.50	59.00	64.30	69.70	75.10	80.40	50.82
70	11.0	19×2.2	72.20	65.00	71.40	77.90	84.40	90.90	97.20	61.50
85	12.0	19×2.4	85.88	77.10	84.80	92.70	100.00	108.00	115.50	73.15
90	12.5	19×2.5	93.25	83.80	93.00	100.50	108.50	117.50	122.50	79.45
100	13.0	19×2.6	100.89	90.50	100.50	108.50	117.50	126.50	135.50	85.94

按绝缘材料的不同分为橡皮绝缘导线和塑料绝缘导线；按芯线材料的不同分为铜芯导线和铝芯导线；按芯线构造不同分单芯、双芯、多芯导线等；按线芯股数分为单股和多股。

橡皮绝缘导线供交流 500V 及其以下或直流电压 1000V 及其以下的电路中配电和连接仪表用。塑料绝缘导线常用聚氯乙烯绝缘，用作交流电压 500V 及其以下或直流电压 1000V 及其以下的电路中配电和连接仪表。绝缘导线文字符号含义见表 2-6。

绝缘导线文字符号含义　　表 2-6

性　能		分类代号或用途		线芯材料		绝　缘		护　套		派　生	
符　号	意　义	符　号	意　义	符　号	意　义	符　号	意　义	符　号	意　义	符　号	意　义
		A	安装线			V	聚氯乙烯				
		B	布电线					V	聚氯乙烯	P	屏蔽
		Y	移动电器线	T	铜（省略）	F	氟塑料	H	橡套	R	软

性	能	分类代号或用途		线芯材料		绝	缘	护	套	派	生
符 号	意 义	符 号	意 义	符 号	意 义	符 号	意 义	符 号	意 义	符 号	意 义
ZR NH	阻燃 耐火	T HR HP	天线 电话软线 电话配线	L	铝	Y X F ST	聚乙烯 橡皮 氯丁橡皮 天然丝	B N SK L	编织套 尼龙套 尼龙丝 腊克	S P D P_1	双绞 平行 带形 缠绕屏蔽

常用绝缘导线的型号、名称及用途见表 2-7。

常用绝缘导线的型号、名称及主要用途   表 2-7

型 号		名 称	主 要 用 途
铜 芯	铝 芯		
BX	BLX	棉纱编织橡皮绝缘导线	用于不需要特别柔软导线的干燥或潮湿场所作固定敷设之用，宜于室内架空或穿管敷设
BBX	BBLX	玻璃丝编织橡皮绝缘导线	同上，但不宜于穿管敷设
BXR		棉纱编织橡皮绝缘软线	敷设于干燥或潮湿厂房内，作电器设备（如仪表、开关等）活动部件的连接用，以及需要特软导线的场合
BXG	BLXG	棉纱编织、浸渍、橡皮绝缘导线（单芯或多芯）	穿入金属管中，敷设于潮湿房间，或有导体灰尘、腐蚀性瓦斯蒸气、易爆炸的房间以及有坚固保护层以避免穿过地板、顶棚、基础时受机械损伤
BV	BLV	塑料绝缘导线	用于耐油、耐燃、潮湿的房间内，作固定敷设之用
BVV	BLVV	塑料绝缘塑料护套线（单芯及多芯）	同 BV、·BLV
	BLXF	氯丁橡皮绝缘导线	具有抗油性、不易霉、不易燃，制造工艺简单，耐日光、耐大气老化等优点，适宜于穿管及户外敷设
BVR		塑料绝缘软线	适用于室内，作仪表、开关连接线用以及要求柔软导线的场合

二、电缆

电缆是既有绝缘层又有保护层的导体，一般都由线芯、绝缘层和保护层三个主要部分组成。电缆按其用途可分为电力电缆、控制电缆、通信电缆、其他电缆；按电压可分为低压电缆、高压电缆；按绝缘材料不同可分为油浸纸绝缘电缆、橡皮绝缘电缆和塑料绝缘电缆；按芯数可分为单芯、双芯、三芯、四芯及多芯。

（一）电缆构造及型号

电缆的型号中包含用途类别、绝缘材料、导体材料、铠装保护层等，电缆结构代号含义见表 2-8。在电缆型号后面还注有芯线根数、截面、工作电压和长度等。

电缆结构代号含义表   表 2-8

绝缘种类	导电线芯	内护层	派生结构	外 护 层	
代号含义	代号含义	代号含义	代号含义	第一数字含义	第二数字含义
Z: 纸 V: 聚氯乙烯 X: 橡胶 XD: 丁基橡胶 XE: 乙丙橡胶	L: 铝芯 T: 铜芯	H: 橡套 HP: 非燃性护套 HF: 氯丁胶 HD: 耐寒橡胶 V: 聚氯乙烯护套	D: 不滴流 F: 分相 CY: 充油 G: 高压 P: 屏蔽	0: 无 1: 钢带 2: 双钢带 3: 细圆钢丝 4: 粗圆钢丝	0: 无 1: 纤维线包 2: 聚氯乙烯护套 3: 聚乙烯护套

绝缘种类	导电线芯	内护层	派生结构	外护层	
代号含义	代号含义	代号含义	代号含义	第一数字含义	第二数字含义
Y：聚乙烯 YJ：交联聚乙烯 E：乙丙烯		VF：复合物 Y：聚乙烯护套 L：铝包 Q：铅包	Z：直流 C：滤尘用或重型		

例如：

1. ZQ_{21}-3×50-10-250

表示铜芯纸绝缘、铅包双钢带铠装、纤维外被层（如油麻）、3 芯、每芯截面为 $50mm^2$、电压为 10kV、长度为 250m 的电力电缆。

2. $YJLV_{22}$-3×120-10-300

表示铝芯交联聚乙烯绝缘、聚氯乙烯内护套双钢带铠装、聚氯乙烯外护套、3 芯、每芯截面为 $120mm^2$、电压 10kV、长度为 300m 的电力电缆。

3. VV_{22}（3×25+1×16）表示铜芯聚氯乙烯内护套、双钢带铠装、聚氯乙烯外护套、3 芯、每芯截面为 $25mm^2$、1 芯截面为 $16mm^2$ 的电力电缆。

（二）常见电力电缆

（1）电力电缆是用来输送和分配大功率电能的导线。无铠装的电力电缆适用于室内、电缆沟内、电缆桥架内和穿管敷设，不可承受压力和拉力。钢带铠装电力电缆适用于直埋敷设，能承受一定的正压力，但不能承受拉力。电力电缆的构造如图 2-1 所示。

目前国内低压电力电缆均为各芯线共同绞合成电缆，该结构的电缆抗干扰能力和抗雷击的性能较差，电缆的三相阻抗不平衡和零序阻抗大，难以使线路保护电器可靠动作。

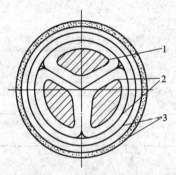

图 2-1　电力电缆剖面
1—缆芯；2—绝缘层；3—防护层

（2）交联聚乙烯绝缘电力电缆。简称 XLPE 电缆，即把热塑性的聚乙烯转变成热固性的交联聚乙烯塑料，从而大幅度地提高了电缆的耐热性能和使用寿命，并具有良好的电气性能。交联聚乙烯绝缘电力电缆型号名称见表 2-9。

（3）聚氯乙烯绝缘聚氯乙烯护套电力电缆。该电力电缆长期工作温度不超过 70℃，电缆导体的最高温度不超过 160℃。短路最长持续时间不超过 5s。聚氯乙烯绝缘聚氯乙烯护套电力电缆技术数据见表 2-10。

（4）预制分支电缆

预制分支电缆是电力电缆的新品种。预制分支电缆不用在现场加工制作电缆分支接头和电缆绝缘穿刺线夹分支，而是由电缆生产厂家根据设计要求在制造电缆时直接从主干电缆上加工制作出分支电缆。预制分支电缆的特点是供电可靠，施工方便。预制分支电缆的型号是由 YFD 加其他电缆型号组成。

例如预制分支电缆型号表示如下：

YFD – ZR – VV – 4×185 + 1×95

YFD – ZR – VV – 4×35 + 1×16

表示主干电缆为 4 芯 185mm² 和 1 芯 95mm² 的铜芯阻燃聚氯乙烯绝缘聚氯乙烯护套电力电缆，分支电缆为 4 芯 35mm² 和 1 芯 16mm² 的铜芯阻燃聚氯乙烯绝缘聚氯乙烯护套电力电缆。预制分支电缆型号也可用另外的方法表示。

例：YFD – ZR – VV – 4×185 + 1×95/4×35 + 1×16。

交联聚乙烯绝缘电力电缆　　　　　　　　　　　　　　　表 2-9

电缆型号		名　称	适 用 范 围
铜 芯	铝 芯		
YJV	YJLV	交联聚乙烯绝缘聚氯乙烯护套电力电缆	室内、隧道、穿管、埋入土内（不承受机械力）
YJY	YJLY	交联聚乙烯绝缘聚乙烯护套电力电缆	
YJV22	YJLV22	交联聚乙烯绝缘聚氯乙烯护套钢带铠装电力电缆	室内、隧道、穿管、埋入土内
YJV23	YJLY23	交联聚乙烯绝缘聚乙烯护套钢带铠装电力电缆	
YJV32	YJLV32	交联聚乙烯绝缘聚氯乙烯护套细钢丝铠装电力电缆	竖井、水中、有落差地方，能承受外力
YJV33	YJLV33	交联聚乙烯绝缘聚氯乙烯护套细钢丝铠装电力电缆	

聚氯乙烯绝缘聚氯乙烯护套电力电缆技术数据　　　　　　　表 2-10

产品型号		芯 数	标称截面（mm²）	产品型号		芯 数	标称截面（mm²）
铜 芯	铝 芯			铜 芯	铝 芯		
VV/VV22	VLV/VLV22	1	1.5～800	VV/VV22	VLV/VLV22	3	1.5～300
			2.5～800				2.5～300
			10～800				4～300
VV/VV22	VLV/VLV22	2	1.5～805	VV/VV22	VLV/VLV22	3 + 1	4～300
			2.5～805	VV/VV22	VLV/VLV22	4	4～185
			10～805				

（三）控制电缆

控制电缆用于配电装置中传导操作电流、连接电气仪表及继电保护和自动控制回路。其构造与电力电缆相似，如图 2-2 所示。控制电缆运行电压一般在交流 500V、直流 1000V 以下，芯数为几芯到几十芯不等，截面为 1.5～10mm²。

常用的有塑料电缆、塑料护套及橡皮绝缘塑料护套的控制电缆。在高层建筑及大型民用建筑内部可采用不延燃的聚氯乙烯护套控制电缆，如：KVV、KXV 等。需要承受较大机械力时采用钢带铠装的控制电缆，如：KVV20、KXV20 等。高寒地区可采用耐寒塑料护套控制电缆，如：KXVD、KVVD 等。有防火要求的可采用非燃性橡套控制电缆，如：KXHF 等。控制电缆的型号及用途见表 2-11。

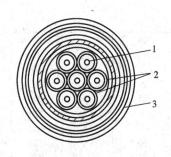

图 2-2　控制电缆剖面
1—缆芯；2—绝缘层；3—防护层

型号	名称	用途
KYV	铜芯聚乙烯绝缘、聚氯乙烯护套控制电缆	敷设在室内、电缆沟内、管道内及地下
KVV	铜芯聚氯乙烯绝缘、聚氯乙烯护套控制电缆	
KXV	铜芯橡皮绝缘、聚氯乙烯护套控制电缆	敷设在室内、电缆沟内、管道内及地下
KXF	铜芯橡皮绝缘、氯丁护套控制电缆	
KYVD	铜芯聚乙烯绝缘、耐寒塑料护套控制电缆	
KXVD	铜芯橡皮绝缘、耐寒塑料护套控制电缆	
KXHF	铜芯橡皮绝缘、非燃性橡套控制电缆	
KYV$_{22}$	铜芯聚乙烯绝缘、聚氯乙烯护套内钢带铠装控制电缆	敷设在室内、电缆沟内、管道内及地下,能承受较大的机械力
KVV$_{22}$	铜芯聚氯乙烯绝缘、聚氯乙烯护套内钢带铠装控制电缆	
KXV$_{22}$	铜芯橡皮绝缘、聚氯乙烯护套内钢带铠装控制电缆	

（四）通信电缆

通信电缆按结构类型可分为对称式通信电缆、同轴通信电缆及光缆；按使用范围可分为室内通信电缆、长途通信电缆和特种通信电缆。

常用通信电缆和同轴电缆有：铜芯聚乙烯绝缘聚乙烯护套电话电缆（HYY）；铜芯聚乙烯绝缘聚氯乙烯护套电话电缆（HYV）；铜芯聚乙烯绝缘屏蔽型聚氯乙烯护套电话电缆（HYVP）。常用射频电缆有半空气—绳管绝缘射频同轴电缆（STV-75-4）；半空气—泡沫绝缘射频同轴电缆（SYFV-135-5）；实芯聚乙烯绝缘射频同轴电缆（SYV 系列）。

三、母线

母线又称汇流排，是用来汇集和分配电流的导体。母线分为硬母线和软母线；按材质分为铜母线、铝母线和钢母线；按截面形状分为矩形、管形、槽形等。软母线用在 35kV 及以上的高压配电装置中，硬母线用在工厂高、低压配电装置中。

矩形母线的规格用母线标称尺寸表示，见表 2-12。

矩形母线的标称尺寸及计算截面（mm²）　　　　　　表 2-12

宽度 b (mm)	厚度 a (mm)								
	3	4	5	6	8	10	12	15	20
10	30	40	50	60					
12	36	48	60	72					
15	45	60	75	90	120	150			
20	60	80	100	120	160	200	240		
25	75	100	125	150	200	250	300	375	
30	90	120	150	180	240	300	360	450	600
40	120	160	200	240	320	400	480	600	800
50	150	200	250	300	400	500	600	750	1000
60		240	300	360	480	600	720	900	1200
80			400	480	640	800	960	1200	
100			500	600	800	1000	1200		
120				720	960	1200	1440		

母线的优点是散热效果好，允许通过的电流大，安装简便，投资费用低。其不足之处是母线间距离大，需占较大的空间位置。

对于 10kV 及以下的母线，因线路短，有色金属耗量不大，可按发热条件选择截面。选择汇流母线截面，用经济电流密度校验截面，用短路电流计算母线电动力是否稳定，如不稳定可减小绝缘子间的距离，使电动力稳定为止。

1. 铜母线

具有较低的电阻（电阻率为 $0.017\Omega\cdot mm^2/m$），导电性能好，机械强度高，防腐性能好，价格较高。

TMY——硬铜母线；TMR——软铜母线。

2. 铝母线

其电阻较铜稍大（电阻率为 $0.029\Omega\cdot mm^2/m$），导电性能低于铜，机械强度较铜低，表面易氧化，易受化学气体腐蚀，其质地轻软，易于加工，价格低廉。

LMY——硬铝母线；LMR——软铝母线。

3. 钢母线

其电阻同铜、铝相比为最大（电阻率为 $0.13\sim0.15\Omega\cdot mm^2/m$），导电性能差，机械强度高，价格低廉，被广泛用于接地装置中作为接地母线。

GMY——钢母线。

目前在建筑供电系统中插接式母线应用较多。插接式母线作为额定电压 500V、额定电流 2000A 以下供电线路的干线来使用。插接母线和与其配套的插接母线配电箱构成了一个完整的供电系统，根据使用性质可以分为动力插接母线和照明插接母线。低压插接式母线最常用的有 CFW、CMC、CCX、GMC 等系列。

插接式母线槽由金属外壳、绝缘瓷插座及金属母线组成。金属母线采用铝或铜制作。

母线槽型号：

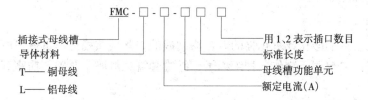

母线用功能单元代号如表 2-13。

母线用功能单元代号　　　　　　　　　　　　表 2-13

代号	名称	代号	名称
A	母线槽	BY	变容量接头
S	始端母线槽	BX	变向接头
Z	终端盖	SC	十字形垂直接头
LS	L 形水平接头	ZS	Z 形水平接头
LC	L 形垂直接头	ZC	Z 形垂直接头
P	膨胀接头	GH	始端接线盒

例如密集型插接式母线槽（型号为 FCM—A），其特点是不仅能输送大电流而且安全可靠，体积小，安装条件适应性强，绝缘电阻一般不小于 $10M\Omega$。

CZL3 系列插接式母线槽的额定电流为 $250\sim2500A$，电压为 380V，额定绝缘电压为 500V。按电流等级分为 250、400、800、1000、1250、1600、2000、2500（A）等。

第二节 常用绝缘材料

电工绝缘材料一般分为有机绝缘材料、无机绝缘材料和混合绝缘材料。有机绝缘材料分为树脂、橡胶、塑料、棉纱、纸、麻、蚕丝、人造丝、石油等，多用于制造绝缘漆和绕组导线的被覆绝缘物。无机绝缘材料有云母、石棉、大理石、瓷器、玻璃和硫磺等，多用作电机和电器的绕组绝缘、开关的底板及绝缘子等。

一、塑料和橡胶

（一）塑料

塑料分为热固性塑料和热塑性塑料两类。塑料具有良好的绝缘性能，价格低、耐油浸、耐磨损。其缺点是塑料绝缘对气候适应性能较差，低温时变硬发脆，高温或阳光照射下增塑剂容易挥发而使绝缘老化加快，因此，塑料绝缘不宜应用在室外。如粉压塑料、聚氯乙烯塑料、聚四氯乙烯塑料等。

（二）橡胶

橡胶分天然橡胶和人造橡胶两种。其特性是弹性大、不透气、不透水，且有良好的绝缘性能。纯橡胶在加热和冷却时，易失去原有的性能，在实际应用中常把一定数量的硫磺和其他填料加在橡胶中，再经过特别的热处理，使橡胶能耐热和耐冷。这种经过处理的橡胶称为橡皮。

人造橡胶是碳氢化合物的合成物。该橡胶的耐磨性、耐热性、耐油性都优于天然橡胶，造价比天然橡胶高。目前，人造橡胶中的氯丁橡胶、丁腈橡胶和硅橡胶等都广泛应用在电气工程中，如丁腈耐油橡胶管作为环氧树脂电缆头引出线的堵油密封层，硅橡胶用来制作电缆头附件等。

二、电瓷

电瓷是用各种硅酸盐或氧化物的混合物制成的，其性质稳定、机械强度高、绝缘性能和耐热性能好。主要用于制作各种绝缘子、绝缘套管，灯座、开关、插座、熔断器底座等的零部件。

绝缘子按电压等级分为高压或低压绝缘子；按用途分为供电线路、电站、电器用绝缘子；按形式分为针式、悬式、支柱式、穿墙式、瓷套式、蝶式、鼓形绝缘子等。

绝缘子是用来固定导线的，并使带电导线之间或导线与大地之间绝缘，同时也承受导线的垂直荷重和水平荷重。故应有足够的电气绝缘水平和机械强度，对化学物质的侵蚀应有足够的防止能力，而且不易受温度急剧变化的影响和水分渗入。

架空线路常用的绝缘子有以下几种：

（1）针式绝缘子。多用于 35kV 及以下、导线截面不太大的直线杆塔和转角合力不大的转角杆塔。

（2）蝴蝶式绝缘子（又叫茶台瓷瓶）。用于 10kV 及以下线路终端、耐张及转角杆塔上，作为绝缘和固定导线之用。

（3）悬式绝缘子。用于电压为 35kV 及以上的线路上，或用于 10kV 线路的承力杆上。悬式绝缘是一片一片的，使用时组成绝缘子串，每串片数根据线路额定电压和电杆类型来决定。

（4）拉紧绝缘子。用于终端杆、承力杆、转角杆或大跨距杆塔上，作为拉线的绝缘，以平衡电杆所承受的拉力。

（5）瓷横担绝缘子。可起到横担和绝缘子两种作用。

配电线路绝缘子的选择见表 2-14。

表 2-14

配电线路绝缘子选择表

绝缘子形式		杆　　　　型				
		直线杆	转　角　杆		30°以上转角杆及其他承力杆	
			15°及以下	15°～30°	导线截面	
					70mm² 及以下	70mm² 以上
电压等级	1kV 以下	低压针式绝缘子	低压针式绝缘子	低压双针式绝缘子	低压蝴蝶式绝缘子	
	3～10kV	高压针式绝缘子或瓷横担绝缘子	高压针式绝缘子或瓷横担绝缘子	高压双针式绝缘子或双瓷横担绝缘子	悬式绝缘子＋高压蝴蝶式绝缘子或悬式绝缘子＋耐张线夹	悬式绝缘子＋耐张线夹

常见绝缘子的形状如图 2-3 所示。

三、其他绝缘材料

（一）电工漆和电工胶

1. 电工漆

电工漆主要分为浸渍漆和覆盖漆。浸渍漆主要用来浸渍电气设备的线圈和绝缘零部件，填充间隙和气孔，以提高绝缘性能和机械强度。覆盖漆主要用来涂刷经浸渍处理过的线圈和绝缘零部件，形成绝缘保护层，以防机械损伤和气体、油类、化学药品等的侵蚀。

2. 电工胶

常用的电工胶有电缆胶和环氧树脂胶。电缆胶由石油沥青、变压器油、松香脂等原料按一定比例配制而成，可用来灌注电缆接头和漆管、电器开关及绝缘零部件。环氧树脂胶一般需现场配

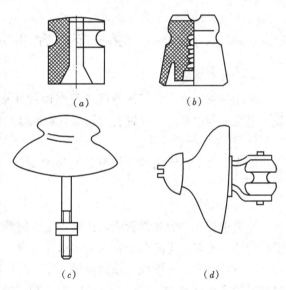

图 2-3　绝缘子的形状
（a）鼓形绝缘子；（b）针式绝缘子；（c）高压针式绝缘子；（d）悬式加蝶式绝缘子

制，按照不同的配方可制得分子量大小不同的产物，其中：分子量低的是黏度小的半液体物，用于电器开关、零部件作浇注绝缘；中等分子量的是稠状物，用于配制高机械强度的胶粘剂；高分子量的是固体物，用于配制各种漆等。配制环氧树脂灌注胶和胶粘剂时，应加入硬化剂，如乙二氨等，使其变成不溶的结实整体。

（二）绝缘布（带）和层压制品

1. 绝缘布（带）

绝缘布（带）主要用途是在电器制作和安装过程中作槽、匝、相间及连接和引出线的绝缘包扎。

2. 层压制品

层压制品是由天然或合成纤维、纸或布浸（涂）胶后，经热压卷制而成，常制成板、管、棒等形状，用于制作绝缘零部件和用作带电体之间或带电体与非带电体之间的绝缘层，其特点是介电性能好，机械强度高。

（三）绝缘油

绝缘油主要用来充填变压器、油开关的空气空间和浸渍电缆等，常用的有变压器油、油开关油和电容器油。

1. 变压器油

变压器油起绝缘和散热作用，常用的有 10 号、25 号和 45 号三种型号。

2. 油开关油

油开关油起绝缘、散热、排热和灭弧作用，常用的有 45 号。

3. 电容器油

电容器油同样起绝缘和散热作用，常用的型号有 1 号、2 号两种，1 号用于电力电容器，2 号用于电信电容器。

第三节　常用安装材料

一、常用导管

在配线施工中，为了使导线免受腐蚀和外来机械损伤，常把绝缘导线穿在导管内敷设。电气工程中常用的导管有金属导管和绝缘导管。

（一）金属导管

配线工程中常使用的金属导管有厚壁钢管、薄壁钢管、金属波纹管和普利卡套管四类。

1. 厚壁钢管

厚壁钢管又称焊接钢管或低压流体输送钢管（水煤气管），有镀锌和不镀锌之分。厚壁钢管用作电线电缆的保护管，又称水煤气管。通常用于潮湿场所的暗配或直埋于地下，也可以沿建筑物、墙壁或支吊架敷设，在生产厂房中大多用来明敷设。厚壁钢管的规格用公称口径（mm）表示，如：15、20、25、32、40、50、70、80、100、125、150 等。

2. 薄壁钢管

薄壁钢管又称电线管，用于敷设在干燥场所电线、电缆的保护管，一般可明敷或暗敷。薄壁钢管规格及参数见表 2-15。

薄壁钢管规格及参数　　　　　　　　　　　　　　　　表 2-15

公称口径（mm）	外径（mm）	外径允许偏差（mm）	壁厚（mm）	理论重量（kg/m）	公称口径（mm）	外径（mm）	外径允许偏差（mm）	壁厚（mm）	理论重量（kg/m）
16	15.88	±0.20	1.60	0.581	38	38.10	±0.25	1.80	1.611
19	19.05	±0.25	1.80	0.766	51	50.80	±0.30	2.00	2.407
25	25.40	±0.25	1.80	1.048	64	63.50	±0.30	2.25	3.760
32	31.75	±0.25	1.80	1.329	76	76.20	±0.30	3.20	5.761

3.金属波纹管

金属波纹管又称金属软管或蛇皮管，主要用于设备上的配线，如冷水机组、水泵等。金属波纹管是用0.5mm以上的双面镀锌薄钢带压边卷制而成，轧缝处有的加石棉垫，有的不加，其规格尺寸与电线管相同。

4.普利卡金属套管

普利卡金属套管是电线电缆保护套管的更新换代产品，其种类很多，但其基本结构类似，都是由镀锌钢带卷绕成螺纹状，属于可挠性金属套管。普利卡金属套管具有搬运方便、施工容易等特点。可用于各种场合的明、暗敷设和现浇混凝土内的暗敷设。

（1）LZ-3型普利卡金属套管。

LZ-3型为单层可挠性电线保护管，外层为镀锌钢带（FeZn），里层为电工纸（P）。主要用于电气设备及室内低压配线。其构造如图2-4所示。

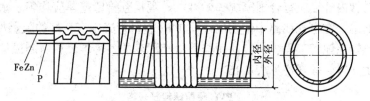

图2-4　LZ-3型普利卡金属套管构造图

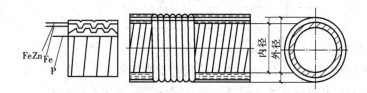

图2-5　LZ-4型普利卡金属套管构造图

（2）LZ-4普利卡金属套管。

LZ-4型为双层金属可挠性保护管，属于基本型，外层为镀锌钢带（FeZn），中间层为冷轧钢带（Fe），里层为电工纸（P）。金属层与电工纸重叠卷绕呈螺旋状，再与卷材方向相反地施行螺纹状折褶，构成可挠性，其构造如图2-5所示。

（3）LV-5型普利卡金属套管。

LV-5普利卡金属套管是用特殊方法在LZ-4套管表面被覆一层具有良好韧性软质聚氯乙烯（PVC）。除具有LZ-4型套管的特点外，还具有良好的耐水性、耐腐蚀性，适用于室内外潮湿及有水蒸气的场所使用，其构造如图2-6所示。

除以上几种类型外，尚有LE-6、LAL-8、LS-9型等多种类型，适用于潮湿或有腐蚀性气体等场所。

（二）绝缘导管

绝缘导管有硬塑料管、半硬塑料管、软塑料管、塑料波纹管等。其特点是常温下抗冲击性能好，耐碱、耐酸、耐油性能好，易变形老化，机械强度不如金属导管。硬型管适用于腐蚀性较强的场所作明敷设和暗敷设，软型管质轻、刚柔适中，用作电气导管。

1.PVC塑料管

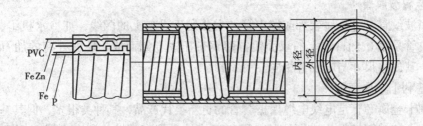

图 2-6 LZ-5 普利卡金属套管构造图

　　PVC 硬质塑料管适用于民用建筑或室内有酸、碱腐蚀性介质的场所。由于塑料管在高温下机械强度下降，老化加速，环境温度在 40℃以上的高温场所不应使用。在经常发生机械冲击、碰撞、摩擦等易受机械损伤的场所也不应使用。

　　PVC 塑料管内外径应符合国家统一标准。外观检查管壁壁厚应均匀一致，无凸棱、凹陷、气泡等缺陷。在电气线路中使用的硬质 PVC 塑料管必须有良好的阻燃性能。

　　PVC 塑料管在配管工程中，应使用与管材相配套的各种难燃材料制成的附件。

　　PVC 硬质塑料管的规格见表 2-16。

PVC 硬质塑料管规格　　　　　　　　表 2-16

标准直径（mm）	16	20	25	32	40	50	63
标准壁厚（mm）	1.7	1.8	1.9	2.5	2.5	3.0	3.2
最小内径（mm）	12.2	15.8	20.6	26.6	34.4	43.1	55.5

　　2. 半硬塑料管

　　半硬塑料管多用于一般住宅和办公建筑等干燥场所的电气照明工程。半硬塑料管可分为难燃平滑塑料管和难燃聚氯乙烯波纹管（简称塑料波纹管）两种。

　　二、常用型钢和板材

　　钢材具有品质均匀，抗拉、抗压、抗冲击等特点，并且具有良好的可焊、可铆、可切割、可加工性，因此在电气设备安装工程中得到广泛的应用。

　　1. 扁钢

　　扁钢的断面呈矩形，分为镀锌扁钢和普通扁钢。规格以扁钢的宽度×厚度（mm×mm）表示，常用扁钢制作各种抱箍、撑铁、拉铁和配电设备的零配件、接地母线及接地引线等。常用扁钢的规格为（mm×mm）：25×4、40×4、50×5、63×6 等。

　　2. 角钢

　　角钢的断面呈直角形，有镀锌角钢和普通角钢之分。角钢又分为等边角钢和不等边角钢两种。等边角钢的规格以边宽×边厚表示，常用等边角钢的规格有（mm×mm）：L30×3、L40×4、L50×5、L63×6 等。不等边角钢的规格以边宽×边宽×边厚表示，常用不等边角钢的规格有（mm×mm×mm）：L25×16×3、L40×25×4、L50×32×4、L56×36×5 等。

　　角钢是钢结构中最基本的钢材，可作单独构件或组合使用，广泛用于桥梁、建筑、输电塔构件、横担、撑铁、接户线中的各种支架及电器安装底座、接地体等。

　　3. 工字钢

工字钢由两个翼缘和一个腹板构成。其规格以腹板高度 h × 腹板厚度 d（mm × mm）表示，型号以腹高（cm）数表示。如 10 号工字钢，表示其腹高为 10cm。工字钢广泛用于各种电气设备的固定底座、变压器台架等。

4. 圆钢

圆钢分为镀锌圆钢和普通圆钢，其规格以直径表示。圆钢主要用来制作各种金具、螺栓、接地引线及钢索等。常用圆钢的规格有（mm）：$\phi6$、$\phi8$、$\phi10$、$\phi12$、$\phi14$、$\phi16$ 等。

5. 槽钢

槽钢规格的表示方法与工字钢基本相同，如"槽钢 120 × 53 × 5"表示其腹板高度为 120mm、翼宽度为 53mm，腹板厚度为 5mm。槽钢一般用来制作固定底座、支撑、导轨等。常用槽钢的规格有 5 号、8 号、10 号、16 号等。

6. 钢板

钢板按厚度分为薄钢板（厚度 ≤ 4mm）、中厚钢板（厚度为 4.5 ~ 6.0mm）、特厚钢板（厚度 > 6.0mm）三种。薄钢板分镀锌钢板（白铁皮）和 不镀锌钢板（黑铁皮）。钢板可制作各种电器及设备的零部件、平台、垫板、防护壳等。

7. 铝板

铝板常用来制作设备零部件、防护板、防护罩及垫板等。铝板的规格以厚度表示，其常用规格有（mm）：1.0、1.5、2.0、2.5、3.0、4.0、5.0 等，铝板的宽度为 400 ~ 2000mm 不等。

三、常用紧固件

常用的固结材料除一般常见的圆钉、扁头钉、自攻螺钉、铝铆钉及各种螺钉外，还有直接固结于硬质基体上所采用的水泥钉、射钉、塑料胀管和膨胀螺栓。

1. 水泥钢钉

水泥钢钉是一种直接打入混凝土、砖墙等的手工固结材料。操作时最好先将钢钉钉入被固定件内，再往混凝土、砖墙等上钉。

2. 射钉

射钉是经过加工处理后制成的新型固结材料，具有很高的强度和良好的韧性。先将各种射钉直接钉入混凝土、砖砌体等其他硬质材料的基体中，再将被固定件直接固定在基体上。射钉分为普通射钉、螺纹射钉和尾部带孔射钉。射钉杆上的垫圈起导向定位作用，一般用塑料或金属制成。尾部有螺纹的射钉，便于在螺纹上直接拧螺丝。尾部带孔的射钉，用于悬挂连接件。射钉弹、射钉和射钉枪必须配套使用。

3. 膨胀螺栓

膨胀螺栓由底部呈锥形的螺栓、能膨胀的套管、平垫圈、弹簧垫片及螺母组成。用电锤或冲击钻钻孔后安装于各种混凝土或砖结构上，钻孔直径与深度，应符合膨胀螺栓的使用要求。一般在强度低的基体（如砖结构）上打孔，其钻孔直径要比膨胀螺栓直径缩小 1 ~ 2mm。钻孔时，钻头应与操作平面垂直，不得晃动和来回进退，以免孔眼扩大，影响锚固力。当钻孔遇到钢筋时，应避开钢筋，重新钻孔。

4. 塑料胀管

塑料胀管系以聚乙烯、聚丙烯为原料制成。塑料胀管比膨胀螺栓的抗拉、抗剪能力要低，适用于静定荷载较小的材料。当往塑料胀管内拧入木螺丝时，应顺胀管导向槽拧入，不得倾斜拧入，以免损坏胀管。

5.预埋螺栓

预埋螺栓用于固定较重的构件。预埋螺栓一头为螺扣，一头为圆环或燕尾，分别可以预埋在地面内、墙面及顶板内，通过螺扣一端拧紧螺母使元件固定。

思 考 题 与 习 题

1. 简述裸导线的定义、分类及主要用途。
2. 简述绝缘导线的定义和分类。
3. 电缆按导线材质、用途、绝缘、芯数等可分为几种？
4. 简述电力电缆的作用，无铠装电缆和钢带铠装电缆适用于什么场合。
5. 预制分支电缆有何特点？型号规格如何表示？
6. 简述母线的作用和分类。
7. 简述金属导管的种类及用途。
8. 简述电工常用成型钢材的种类及用途。

第三章 供配电系统

第一节 建筑供配电系统概述

一、供配电系统的组成

由各类发电厂、变电所和用户连接起来组成的一个发电、输电、变电、配电和用户的环形整体称为电力系统，又称为输配电系统或供配电系统。供配电系统如图3-1所示。

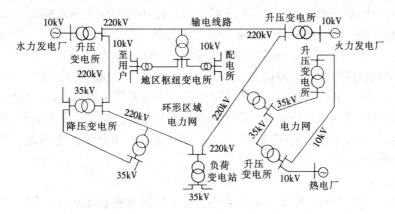

图3-1 供配电系统的示意图

供配电系统由发电、输电和配电系统组成。

1. 发电

发电是将自然界蕴藏的各种一次能源转换为电能的过程。生产电能的工厂叫发电厂。根据利用的一次能源的不同，发电厂可分为：火力发电厂、水力发电厂、原子能发电厂、风力发电厂、地热发电厂、太阳能发电厂等类型。目前，我国主要以火力发电和水力发电为主，发电厂的发电机组发出的电压一般为6.3kV和10.5kV。

2. 输电

输电是将电能输送到各个地方（或地区）或直接输送给大型用户。

输配电线路和变电所是连接发电厂和用户的中间环节，是供配电系统的一部分，称为电力网。电力网又分为输电网和配电网两大部分，由35kV及以上的输电线路和与其相连接的变电所组成的网络称为输电网。输电网的作用是将电能输送到各个地区或直接送给大型用户。因此输电网又称为区域电力网或地区电力网，是供配电系统的主要网络。

3. 配电

在供配电系统中，直接供电给用户的线路称为配电线路。低压配电线路常用的电压为380/220V，其电压由配电变压器提供。高压配电线路常用的电压为6kV或10kV。因此，配电网是由10kV及以下的配电线路和配电变压器组成的，其作用是将电能分配到各类用户。

二、供电电压等级

我国电力网的电压等级分为三类。第一类：将 1kV 及以上的电压称为高压，有 1、3、6、10、35、110、220、330、500kV 等；第二类：将 1kV 以下的电压称为低压，有 220、380V 等；第三类：将 50V 以下的电压称为安全电压，有 12、24、36、42V 等。

三、电力负荷的等级

电力负荷按其使用性质和重要程度分为三级，并以此采取相应的供电措施，来满足对供电可靠性的要求。

1．一级负荷

当供电中断时，将造成人身伤亡、重大的政治影响、重大的经济损失或将造成公共场所秩序严重混乱的用电负荷，称为一级负荷。如国家级的大会堂、国际候机厅、医院手术室、分娩室等建筑的照明；一类高层建筑的火灾应急照明与疏散指示标志灯及消防电梯、喷淋泵、消火栓泵、排烟机等消防用电；国家气象台、银行等专业用的计算机用电负荷；大型钢铁厂、矿山等重要企业的用电动力负荷等，均属一级负荷。

一级负荷应有两个独立电源供电，以确保供电的可靠性和连续性。两个电源可一用一备，亦可同时工作，各供一部分负荷。若其中任一个电源发生故障或停电检修时，不会影响另一个电源继续供电。对于一级负荷中特别重要的负荷，如医院手术室和分娩室、计算机用电、消防用电等负荷，还必须增设应急备用电源，如柴油发电机组、不间断电源（UPS）、应急电源（EPS）等。

2．二级负荷

当供电中断时，将造成较大的政治影响和经济损失或将造成公共场所秩序混乱的用电负荷，称为二级负荷。如省市级体育馆、展览馆的照明；二类高层建筑的火灾应急照明与疏散指示标志灯及消防电梯、喷淋泵、消火栓泵、排烟机等消防用电；大型机械厂的用电负荷等，均属二级负荷。

二级负荷宜采用两个电源供电，供电变压器宜选两台（两台变压器不一定在同一变电所内）。若地区供电条件困难或负荷较小时，可由一条 6kV 及以上的专用架空线路供电。若采用电缆供电，应同时敷设一条备用电缆，并经常处于运行状态。也可以采用柴油发电机或 EPS 应急电源作为备用电源。

3．三级负荷

供电中断仅对工作和生活产生一些影响，不属于一级或二级的负荷，称为三级负荷。三级负荷对供电无要求，只须一路电源供电即可。

四、低压配电系统

低压配电系统是由配电装置（配电柜或盘）和配电线路（干线及支线）组成。低压配电系统又分为动力配电系统和照明配电系统。

1．低压配电方式

低压配电的方式有放射式、树干式及混合式三种。

（1）放射式。

放射式配电是指由总配电盘直接供给分配电盘或负荷。优点是各负荷独立受电，一旦发生故障只局限于本身而不影响其他回路，但消耗材料较多，如图 3-2（a）所示。放射式配电适用于重要负荷和电动机配电回路。

（2）树干式。

各分配电箱的电源由一条公用干线供电，如图 3-2（b）所示。优点是节省材料，经济性较好，但电源的可靠性差。

（3）混合式。

在大型配电系统中，大多采用放射式与树干式的混合方式，称为混合式。如大型商场的照明配电系统，其变电所配出为放射式，分支为树干式，如图 3-2（c）所示。

2．配电级数要求

从建筑物低压电源引入处的总配电装置（第一级配电点）开始，至最末端分配电盘为止，配电级数一般不宜多于三级，每一级配电线路的长度不宜大于 30m。如从变电所的低压配电装置算起，则配电级数一般不多于四级，总配电长度一般不宜超过 200m，每路干线的负荷计算电流一般不宜大于 200A。

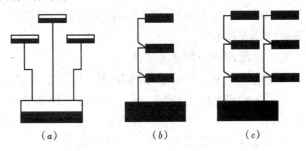

图 3-2　低压配电的方式
（a）放射式配电；（b）树干式配电；（c）混合式配电

3．照明配电系统

照明配电系统的特点是按建筑的布局形式选择若干配电点。一般情况下，在建筑物的每个沉降与伸缩区内设 1～2 个配电点，其位置应使照明支路线的长度不超过 40m，如条件允许最好是将配电点选在负荷中心。

规模较小的建筑物，一般在电源引入的首层设总配电箱。箱内设能切断整个建筑照明供电的总开关，作为紧急事故或维护干线时切断总电源用。

规模较大的建筑物需在电源引入处设总配电室，安装照明总配电装置，其功能为向各个配电点配出干线系统，并能在紧急事故时进行控制操作。

建筑物的每个配电点均设置照明分配电箱，箱内设照明支路开关及能切断各支路电源的总开关，作为紧急事故拉闸或维护支路开关时断开电源用。当支路开关不多于 3 个时，也可不设总开关。多层建筑同一干线的照明配电箱，宜在首层箱内设控制本干线的总开关，以便于维护干线、照明分配电箱及紧急事故时切断电源用。

照明支路开关的功能主要是对线路起短路保护、欠压保护和过载保护等，通常采用自动空气开关。每个分配电箱应注明负荷容量、计算电流、相别及照明负荷的所在区域。照明分配电箱内的各个支路，应力求均匀地分配在 A、B、C 三相上。如达不到要求时，应在数个配电箱之间保持三相负荷平衡。

当照明配电系统中设置事故照明时，需与一般照明的配电分开，另按消防要求自成系统。

4．动力配电系统

（1）动力配电方式。

民用建筑中的动力负荷按使用性质分为建筑设备机械（水泵、通风机等）、建筑机械（电梯、卷帘门、扶梯等）、各种专用机械（炊事、医疗、实验设备）等。对集中负荷（水泵房、锅炉房、厨房的动力负荷）采用放射式配电干线。对分散负荷（医疗设备、空调机等）应采用树干式配电，依次接各个动力分配电盘。电梯设备的配电采用放射式专用回路，由变电所电梯配电回路直接引至屋顶电梯机房。

（2）动力配电系统。

在动力配电系统中一般采用放射式配线，一台电机一个独立回路。在动力配电系统图中应标注配电方式、开关、熔断器、交流接触器、热继电器等电气元件的规格型号，还应有导线型号、截面积、配管及敷设方式等内容，在系统中可附材料表和说明。对小容量的异步电动机（小于 7kW）可采用刀闸开关或空气断路器直接启动。一般异步电动机均采用交流接触器控制电路。

五、高层建筑的供配电系统

高层建筑供电电压一般采用 10kV，其供电要求是可靠性好、供电质量高、电能损耗小。为了保证供电的可靠性，应至少有两个独立电源，具体数量应视负荷大小及当地电网条件而定。两路独立电源运行方式，原则上是两路同时供电，互为备用，同时还必须装设应急备用电源（柴油发电机组或 EPS 应急电源）。

1. 负荷分布及变压器的配置

高层建筑的用电负荷一般可分空调、动力、电热、照明等。对于全空调的各种商业性楼宇，空调负荷属于大宗用电，约占 40% ~ 50%。空调设备一般放在大楼的地下室、首层或下部。动力负荷主要指电梯、水泵、排烟风机、洗衣机等设备。普通高层建筑的动力负荷都比较小，随着建筑高度的增加，在超高层建筑中，由于电梯负荷和水泵容量的增大，动力负荷的比重将会明显地增加。动力负荷中的水泵、洗衣机等亦大部分放在下部，因此，就负荷的竖向分布来说，负荷大部分集中在下部，通常将变压器设置在建筑物的底部是有利的。

而在 40 层以上的高层建筑中，电梯设备较多，此类负荷大部分集中于大楼的顶部，竖向中段层数较多，通常设有分区电梯和中间泵站。在这种情况下，宜将变压器上、下层配置或者上、中、下层分别配置，供电变压器的供电范围大约为 15 ~ 20 层。如日本的新宿中心大厦共 60 层，变压器配置在地下 4 层和地上 40 层；纽约的帝国大厦共 102 层，变压器配置在地下 2 层、地上 41 层及 84 层。

为了减少变压器台数，单台变压器的容量一般都大于 1000kVA。从防火要求考虑，不应采用油浸式变压器和油断路器等在事故情况下能引起火灾的电气设备，而应采用干式变压器和空气开关。

2. 高层建筑的低压配电系统

高层建筑中主要负荷分为动力和照明、消防动力和应急照明。因此配电系统分为正常配电和事故配电两个独立系统，其中动力应与照明分开，配电方式一般为放射式和树干式两大类。国内外高层建筑低压配电干线方式基本采用放射式系统，在强电竖井中采用插接式母线沿电井明敷设。若负荷较小时，也可采用电缆沿电井内桥架明设。

楼层按分区配电，整个楼层按负荷分成若干个供电区，每区为一个配电回路，各层总配电箱（母线插座箱）直接用链式接线至各分配电箱。对于顶层电梯配电回路应由变电所独立回路供电，有条件应有备用电源自动投入装置。对于消防用电设备，应有两个独立回路（变电所及柴油发电机组等）供电，并在末端配电箱内实现双路电源自动切换。

高层垂直配电主要采用电气竖井内敷设。在电井内设置封闭母线、电缆桥架或导线穿金属导管明设，照明配电箱、双电源切换箱等也可明设。电井内需设事故照明和烟感探测器。

高层建筑的动力分为正常动力和消防动力两部分。

（1）正常动力。正常动力包括重要性负荷、一般性负荷和舒适性负荷。

1）重要性负荷。重要性负荷包括客梯、生活水泵等。重要性负荷电源应由变电所设独立回路采用放射式供电。

2）一般性负荷。一般性负荷包括货梯、排污泵、排气扇、洗衣房动力（洗衣机、甩干机等）、厨房动力（排烟机、冷藏柜、炊事机械等）。一般性负荷电源由变电所树干式供电。

3）舒适性负荷。舒适性负荷包括自动扶梯、景观电梯、制冷设备、空调设备、锅炉房用电设备等。舒适性负荷电源一般由变电所混合式供电，如锅炉用动力电源由变电所配出一条回路，再分出几个回路以放射式配给各个负载。

（2）消防动力。消防动力包括消火栓泵、喷淋泵、加压送风机、排烟机、消防电梯、消防卷帘门等。消防动力电源应由变电所和备用电源的独立回路供电，在负载末端设双电源自动切换装置，确保消防动力电源的可靠性、连续性和安全性。

第二节　10kV 变 电 所

10k 变电所的作用是接受电能、变换电压和分配电能，主要由高压配电室、变压器室、低压配电室三部分组成。

一、变电所的结构形式

变电所的形式应根据用电负荷的状况和周围环境情况确定。

1. 杆上式或高台式变电所

一般适用于中小城镇居民区、工厂的生活区，变压器的容量不得大于 315kVA，变压器与低压配电室组合成 10kV 的变电所。

2. 户外箱式变电所

一般适用于负荷小而分散的工业企业和大中城市的住宅小区等场合。在条件允许的情况下，在大型综合小区中还可与开闭所组成环网供电系统。

3. 室内变电所

一般适用于高层或大型民用建筑物，对于重要负荷供电要求必须有双电源且自动切换。随着供配电系统控制技术的发展，现代化变电所已由原来的简单控制实现了计算机自动化监控功能，电网远程监控功能。例如某一城市的供电局总控室可监控所有供电范围内的各用户变电所的运行情况。

二、变电所的布置

1. 变电所的布置

变电所分为室内变电所和室外变电所，主要介绍室内变电所的布置。

（1）高压配电室。高压配电室内设置高压开关柜，柜内装设油断路器、隔离开关、电压互感器和母线等。一般设有高压进线柜、计量柜、电容补偿柜、配出柜等。高压柜前留有巡查操作通道，应大于1.8m；柜后及两端应留有检修通道，应大于1m；高压配电室的高度应大于4m。高压配电室的门应大于设备进出的宽度，门应往外开。根据高压开关柜数量的不同可采用单列布置或双列布置。

（2）变压器室。变压器室要求通风良好，进出通风口的面积应达到0.5～0.6m²。对于多台变压器，特别是油浸变压器，应将每一台变压器都相互隔离。当使用多台干式变压器时，也可采用开放式，只设一大间变压器室。对于设在地下室的变电所，可采用机械通风。

（3）低压配电室。低压配电室应靠近变压器室，采用低压裸导线（铜母排）架空穿墙引入。低压开关柜包括进线柜、仪表柜、配出柜、电容器补偿柜（采用高压电容器补偿时可不设）等。柜前应留有（大于1.8m）巡检通道，柜后应留有（大于0.8m）检修通道，低压开关柜有单列布置和双列布置等。

2. 变电所的建设

变电所应保持室内干燥，严防雨水漏入。变电所附近或上层不应设置卫生间、厨房、浴室等，也不应设在有腐蚀性或潮湿蒸汽的车间。变电所应考虑通风良好，使电气设备正常工作。变电所的室内高度应大于4m，并设置便于大型设备进出的大门。

双台变压器变电所的平面布置，如图3-3所示。

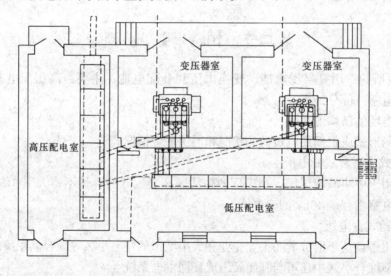

图3-3 双台变压器变电所的平面布置图

第三节 变配电设备

一、电力变压器

1. 电力变压器在输配电中的作用

由于输配电线路一般很长，为减少线路上的功率损耗和电压损失，必须采用高电压输电（最高可达500kV）。大型发电机的额定电压一般有3.15、6.3、10.5kV几种，因此在输电时必须用变压器将电压升高，供电时通过变压器把高电压降成负载所需的额定电压。因而变压器的作用是用来变换交流电压和电流，满足输配电的需要。

50

2. 变压器的分类

变压器按用途分为电力变压器、输出量变压器、特殊变压器；按相数分为单相变压器、三相变压器；按冷却方式分为油浸式变压器和干式变压器。变压器的分类见表3-1。

变压器的分类 表 3-1

分类依据	类 别	细 分 类 别
安装地点	户 内 户 外	干式、环氧浇注式、油式、柱上式、平台式、一般户外
相 数	单 相 三 相 三相变两相 或两相变三相	T形接法，V形接法
调压方式	无激磁调压	
线圈数量	双线圈 三线圈 单线圈自耦	特殊整流变压器其分离的线圈有多于三线圈者
冷却方式	油浸自冷 油浸风冷 油浸水冷 强油循环 干式自冷 干式风冷	扁管散热或片式散热，瓦楞油箱 附冷却风扇 附油水冷却器 有潜油泵 附风冷却器
导电体材质	铜 导 线 铝 导 线 半铜半铝	近年已发展为铝箔或铜箔产品
导磁体材质	冷轧硅钢片 热轧硅钢片	近期国外发展了磁铁玻璃体（Metaglas）做铁心
使用要求	电 炉 用 整 流 用 矿 用 船 用 中频淬火 试 验 用 电 信 用 电 焊 用	炼钢或炼电石、炼合金 牵引、传动、电解或高压整流 一般型和防爆型 也有取中频加热 高压耐压试验 调幅变压器 电焊变压器

3. 变压器的主要技术数据

常用电力变压器的技术参数见表3-2、表3-3。

S_7 系列电力变压器的技术数据 表 3-2

型号 D	容量	额定电压（kV）		重量（t）	
	(kV·A)	高 压	低中压	油 重	总 重
S_7-30/10	30	6、6.3、10	0.4	0.080	0.295
S_7-50/10	50	6、6.3、10	0.4	0.105	0.400
S_7-63/10	63	6、6.3、10	0.4	0.125	0.480
S_7-80/10	80	6、6.3、10	0.4	0.135	0.560
S_7-100/10	100	6、6.3、10	0.4	0.165	0.645
S_7-125/10	125	6、6.3、10	0.4	0.170	0.695
S_7-160/10	160	6、6.3、10	0.4	0.185	0.820

型 号 D	容 量	额定电压 (kV)		重量 (t)	
	(kV·A)	高 压	低中压	油 重	总 重
S7-200/10	200	6、6.3、10	0.4	0.235	1.010
S7-250/10	250	6、6.3、10	0.4	0.265	1.110
S7-315/10	315	6、6.3、10	0.4	0.295	1.130
S7-400/10	400	6、6.3、10	0.4	0.365	1.585
S7-500/10	500	6、6.3、10	0.4	0.395	1.820
S7-630/10	630	6、6.3、10	0.4	0.545	2.385
S7-800/10	800	6、6.3、10	0.4	0.655	2.950
S7-1000/10	1000	6、6.3、10	0.4	0.850	3.685
S7-1250/10	1250	6、6.3、10	0.4	1.000	4.340
S7-630/10	1600	10	6.3	1.100	5.070
S7-800/10	630	10	6.3	0.545	2.385
S7-1000/10	800	10	6.3	0.630	3.060
S7-1250/10	1000	10	6.3	0.745	3.530
S7-1000/10	1250	10	6.3	0.770	3.795
S7-1600/10	1600	10	6.3	0.960	4.800
S7-2000/10	2000	10	6.3	1.135	5.395
S7-2500/10	2500	10	6.3	1.335	6.340
S7-3150/10	3150	10	6.3	1.735	3.975
S7-4000/10	4000	10	6.3	1.905	4.820
S7-5000/10	5000	10	6.3	2.335	5.805
S7-6000/10	6000	10	6.3	2.640	7.235

树脂浇注干式电力变压器的技术数据 表 3-3

项 目		SCL 型	SCL₁ 型	SC 型	英国 CNC 公司
绝缘耐温等级		B/F 级	B 级	F 级	B 级
噪声 (dB)	200kV·A	55	58	58	
	500kV·A	59	60	60	62
	1000kV·A	61	64	64	63
空载损耗 (W)	200kV·A	970($U_z=4\%$)	830($U_z=4\%$)	600($U_z=4\%$)	
	500kV·A	1850($U_z=4\%$)	1600($U_z=4\%$)	1200($U_z=4\%$)	1750($U_z=4\%$)
	1000 kV·A	2800($U_z=6\%$)	2400($U_z=6\%$)	2000($U_z=6\%$)	2400($U_z=5\%$)
	1600kV·A	3950($U_z=6\%$)	3400($U_z=6\%$)	2800($U_z=6\%$)	3350($U_z=5\%$)
负载损耗 (W)	200 kV·A	2350($U_z=4\%$)	2350($U_z=4\%$)	2600($U_z=4\%$)	
	500 kV·A	4850($U_z=4\%$)	4850($U_z=4\%$)	4000($U_z=4\%$)	4500($U_z=4\%$)
	1000 kV·A	9200($U_z=5\%$)	7300($U_z=6\%$)	9100($U_z=6\%$)	11000($U_z=5\%$)
	1600 kV·A	13300($U_z=5.5\%$)	10500($U_z=6\%$)	13700($U_z=6\%$)	15650($U_z=5\%$)

二、互感器

互感器分电压互感器和电流互感器两大类。

1. 电压互感器

电压互感器的作用是将一次回路的高电压变换为二次回路的低电压，提供测量仪表和继电保护装置用的电压电源。电压互感器二次侧电压均为100V。电压互感器按绝缘及冷却方式分为干式和油浸式；按相数分为单相和三相；按安装地点分为户内式和户外式。电压互感器的接线原理见图3-4（a）。

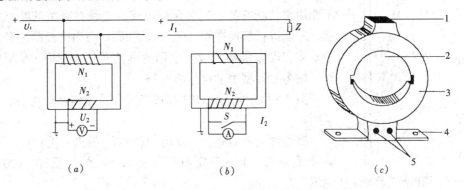

（a）   （b）   （c）

图 3-4   电压、电流互感器原理接线和外形示意图

（a）电压互感器原理图；（b）电流互感器原理图；（c）LMJ$_1$-0.5型电流互感器外形图

1—铭牌；2——一次母线穿过口；3—铁心，外绕二次绕组，环氧树脂浇注；

4—安装板；5—二次接线端

使用电压互感器时，必须注意以下几点：

（1）副边不能短路，否则会产生很大的短路电流，将烧坏互感器。

（2）铁心和副边的一端必须可靠接地。防止高低压绕组间的绝缘损坏时，副边和测量仪表出现高电压，危及工作人员的安全。

（3）副边并接的电压线圈不能太多，以免超过电压互感器的额定容量，引起互感器绕组发热，并降低互感器的准确度。

2. 电流互感器

电流互感器的作用是将一次回路的大电流变换为二次回路的小电流，提供测量仪表和继电保护装置用的电流电源。电流互感器二次侧电流均为5A。电流互感器按原绕组的匝数分为单匝（母线式、芯柱式、套管式）和多匝（线圈式、线环式、串级式）；按绝缘形式分为瓷绝缘、浇注绝缘、树脂浇注等；按一次电压分为高压和低压两大类；按用途分为测量用和保护用两类；按准确度等级分为0.1、0.2、0.5、1.0、3.0、10级等。电流互感器原理如图3-4（b）、（c）所示。

在不同电路电流中所用的电流互感器，其变流比是不同的。变流比用额定电流的比值形式标注在铭牌上，例如，50/5、75/5、100/5等。当电流互感器和电流表配套使用时，电流表的刻度可按原边额定电流值标出，以便直接读数。

使用电流互感器时，必须注意以下几点：

（1）电流互感器的副边不允许开路，否则将由于铁心损失过大，温升过高而烧毁，或副绕组电压升高而将绝缘击穿，发生高压触电的危险。在拆除仪表和继电器之前要将副绕组短路，并且不允许在副电路中使用熔断器。

（2）铁心和副边的一端必须可靠接地，防止原、副绕组之间的绝缘损坏时，原边的高电压传到副边，危及人身安全。

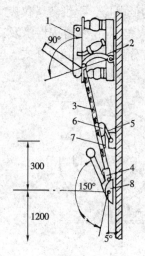

图 3-5　隔离开关及操作
手柄安装示意图

1—隔离开关；2—拐臂；3—
焊接钢管；4—调节杆；5—
F1 型辅助开关；6—连杆；
7—双头螺丝；8—CS6-1T 型
操作机构

三、常用高压电器

1. 高压隔离开关

隔离开关有户内式和户外式两种，安装在 6～10kV 线路中，用于隔离高压电源，保证高压设备检修工作的安全。隔离开关不能用来切断负荷电流和短路电流，必须在有关的断路器分断后，才能进行切换操作（闭合或切断）。户内三极隔离开关由开关本体和操作机构组成，常用的隔离开关本体有 GN 型等，操作机构为 CS6 型手动操作机构等。

图 3-5 所示是 GN$_6$-10T 型隔离开关及操作手柄在墙上安装示意图。

型号含义为 GN$_6$-10T/600：其中 G—隔离开关；N—户内式；6—设计序号；10—额定电压（kV）；T—统一设计；600—额定电流（A）。

2. 高压断路器

高压断路器又称高压油开关，用于接通和断开高压电路中的负载电流及自动断开短路和过载等故障电流。

按不同的灭弧方法，分为油断路器、空气断路器、磁吹断路器和六氟化硫断路器以及真空断路器等多种。图 3-6 所示为 SN10-10 型高压少油断路器的外形结构图。

型号含义，如 SN10 – 10/1000 – 500 的含义是：S——少油断路器；N——户内式；10——设计序号；10——额定电压(kV)；1000——额定电流(A)；500——断流容量(MVA)。

高压油断路器分为多油断路器和少油断路器两大类。

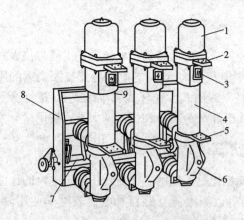

图 3-6　SN10-10 型高压少油断路器

1—上帽；2—上出线座；3—油标；
4—绝缘筒；5—下出线座；6—基座；
7—主轴；8—框架；9—断路弹簧

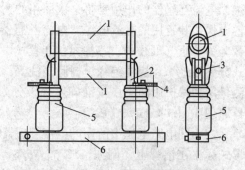

图 3-7　RN1 型户内高压熔断器

1—熔丝管；2—触座；3—熔断
指示器；4—导电板；5—瓷瓶
绝缘子；6—底板

3．高压熔断器

高压熔断器主要用作高压电力线路及其设备的短路保护。常用的有户内式 RN 型高压限流熔断器和户外式 RW 型高压跌落熔断两种。

（1）RN 型高压限流熔断器。

图 3-7 为 RN 型高压限流熔断器的结构，RN 型熔断器有单管、双管和四管等三种形式。

熔丝管的管体是瓷管，当管内熔丝额定电流小于 7.5A 时，熔丝绕成螺旋形直接安装在管内，然后充满石英砂填料，两端用端盖压紧，用锡焊牢，以保持密封。另外，在熔管一端的铜帽上装有带弹簧的熔断指示器。

（2）RW 型高压跌落式熔断器。

跌落式熔断器又称跌落保险，在 6～10kV 配电网络中，广泛采用跌落式熔断器来保护电力线路和变压器。

户外跌落式熔断器的结构如图 3-8 所示

跌落式熔断器主要由绝缘子、上触头和熔丝管等部分组成。

跌落式熔断器除对电力线路和变压器作过载和短路保护外，还可用来切断和接通空载电力线路和空载变压器以及不大于 10A 的负载电流。在拉闸和合闸时，必须用特制的高压绝缘杆（高压拉杆）进行操作。

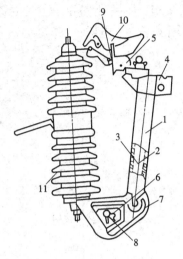

图 3-8　RW3 型户外跌落式熔断器
1—熔丝管；2—消弧管；3—熔丝；4—操作环；5—上端动触头；6—下端动触头；7—承磁架；8—下端静触头；9—上端静触头；10—锁紧机构；11—绝缘子

4．高压避雷器

避雷器用来防止从架空线引进的雷电对变配电装置产生破坏作用。

阀型避雷器由火花间隙和可变电阻两部分组成，密封于一个瓷质套筒里面，上端出线与线路连接，下端出线与地连接。

当雷电突然出现时，高压火花间隙被击穿，避雷器有电流通过，将雷电流引向大地，避免了变（配）电装置遭受雷电破坏。

可变电阻的作用是当电压高、电流大时电阻值很小，使雷电流迅速通过，当放电将近结束时，使电压降低、电流变小、电阻则增加，逐渐阻止线路上的高压电流通过，当电压降到不足以击穿火花间隙时，避雷器就不再通过电流，恢复原状。图 3-9 是避雷器的外形结构图。

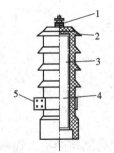

图 3-9　阀式避雷器结构图
1—接线端；2—瓷套筒；3—火花间隙；4—阀型电阻片；5—安装卡子

四、高压开关柜

高压开关柜是按一定的接线方案将有关一次、二次设备成套组装的一种高压配电装置，高压开关柜在变电所中的作用是接受与分配电能，控制和保护电力变压器和高压线路，也可作为大型高压交流电动机的启动和保护之用。目前，我国生产的高压开关柜有固定式、手车式及活动式三种。

高压开关柜根据柜内安装的高压设备不同，即一次线路方案不同，具体可分为油断路器柜、负荷开关柜、断路器柜、避雷器柜、电压互感器柜、进出线柜、分段开关柜等。一次线路方案达百余种，可根据不同的进出线方案选一组开关柜组合成高压供电系统。

我国目前大量生产和广泛使用的固定式高压开关柜有 YJN-10 型、KYN-10 型和 KGN-10G 型等，现使用较多的还有 GG-10 型。

图 3-10 是 GG-10-07S 型高压开关柜的外形结构图。GG-10-07S 的含义是：G——高压开关柜；G——固定式；10——设计序号；07—— 一次线路方案编号；S——手动主开关操作机构（D 电磁，I 弹簧）。

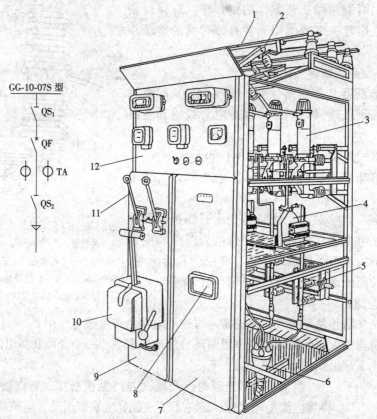

图 3-10　GG-10-07S 型高压开关柜（已抽出右面的防护板）
1—母线（汇流排）；2—高压隔离开关；3—高压断路器；4—电流互感器；5—高压隔离开关；6—电缆头；7—检修门；8—观察用玻璃；9—操作板；10—高压断路器操作机构；11—高压隔离开关操作机构；12—仪表、继电器板（兼检修门）

五、常用低压电器

低压电器的基本类型有：刀开关及刀型转换开关、熔断器、自动空气断路器、控制器、接触器、启动器、继电器、主令电器、电阻器、变阻器、调整器和电磁铁等。

1. 刀开关系列

刀开关按其结构形式可分为：无保护壳的刀开关，如 HD（单投）、HS（双投）系列；无保护壳而带熔断器的刀开关，如 HR 系列；带熔断器有保护外壳的封闭式负荷开关（简称铁壳开关），如 HH 系列；带熔丝保护装置并具有保护外壳的开启式负荷开关（或称胶盖闸），如 HK 系列；刀片为组合且具有转换功能的组合开关，如 HZ 系列等。

刀开关常用作电源隔离开关，以便对电动机等电器设备进行检查或维修，还可以非频繁地接通和分断容量不大的低压供电线路或非频繁地直接启动 5.5kW 以下的小容量的电动机。安装时要考虑操作和检修的安全与方便。电源线应接在上端接线柱上，用电设备应接在熔丝下端的接线柱上，当刀开关断开时，刀片和熔丝均不带电，以保证更换熔丝时的安全。各种刀开关主要技术数据见表 3-4。

各种刀开关主要技术数据　　　　　　　　　　　　表 3-4

型　号	额定电压 （V）	额定电流 （A）	极　数	操作方式	其　他
HD10—	220	40	1、2、3	中央手柄	板后或板前接线
HD11—	380	200～1000	1、2、3		
HD13—	380	200～1500	2、3	侧面手柄	
HD14—	380	200～600	3		
HR₃—	交流 380	100～600	3	前操作	前或后检修
	直流 440	100～600	2		
HH₃—	220 或	15～200	2 或 3	侧面手柄	
HH₄—	380	15～100			

2. 自动空气断路器

自动空气断路器又称自动空气开关。在电路发生短路、过载或欠压故障时，能自动分断电路，起到保护线路或电器设备的作用，在低压配电系统中自动空气断路器得到了广泛应用。空气断路器的文字符号为 QF，图形符号、结构原理如图 3-11 所示。

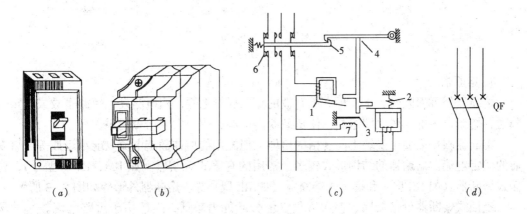

图 3-11　自动空气开关

（a）电力线路用；（b）照明线路用；（c）电力自动开关示意图；（d）图形符号及文字符号

1、2—衔铁；3—双金属片；4—杠杆；5—搭扣；6—主触头

自动空气开关按结构形式可分为框架式和塑料外壳式两大类。框架式（又叫万能式）自动空气开关因其容量可达数千安，故为敞开式结构。框架式操作方式有手动和自动两种，产品型号有 DW₇、DW₁₀、DW₁₅ 等系列，主要用作配电网络的保护开关。塑壳式（又叫装置式）具有安全保护用的塑料外壳，其额定电流由数安至 800A。一般均为手动操作或自动切断，常用作配电网络及照明线路或不频繁启动的电动机控制开关，产品型号有

DZ_{15}、DZ_{47}、C45N、NH100、AH、TG 等系列，其中 DZ_{15L} 系列还有漏电脱扣，可用作漏电与触电保护。自动空气开关有单极、双极、三极和四极几种。

自动空气开关主要由感应元件、传递元件和执行元件三部分组成。感应元件包括过流、欠压脱扣器与线圈等，用来接收电路中的不正常情况或操作人员、继电保护系统发出的信号，再通过传递元件使执行元件动作。传递元件包括操作机构、主轴等，其作用是进行力的传递与变换。执行元件包括触头与灭弧系统，保证电路的接通与分断，如图 3-11（c）所示。

3．按钮

按钮结构如图 3-12（b）所示。在按钮帽未被按下时，上面一对处于接通状态的触点，称为动断（常闭）触点；下面一对处于断开状态的触点，称为动合（常开）触点。在电动机控制电路中，动合触点用来控制电动机的启动，称为启动按钮。动断触点用来控制电动机的停止，称为停止按钮。按钮的外形、结构、符号如图 3-12 所示。

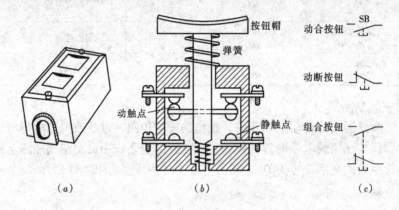

图 3-12　按钮示意图
（a）外形；（b）结构；（c）符号

4．熔断器

熔断器俗称保险丝，是一种简单有效的短路保护电器。当电路发生短路事故或严重过载时，熔断器内的熔体立即熔断，使负载脱离电源，避免发生严重后果。

熔断器根据需要可安装不同规格的熔体，但配用的熔体额定电流只能小于或等于熔断器的额定电流。熔断器的结构形式较多，常用的有管式熔断器（如 RM、RT 等型号），瓷插式熔断器（如 RC 型）和螺旋式熔断器（如 RL 型）等。熔断器外形等如图 3-13 所示。

瓷插式熔断器价格低廉，使用方便，但分断能力较低，一般用于短路电流较小的场所，见图 3-13（a）。

螺旋式熔断器如图 3-13（b）所示。螺旋式熔断器分断能力比瓷插式高，但熔断后必须更换熔管，经济性欠佳。一般用于配电线路中作短路和过载保护。

管式熔断器分为熔密式和熔填式两种，如图 3-13（c）所示。均为封闭管型，灭弧性能好，分断能力高，故广泛用于电力线路或配电设备中，用作电缆、电线及电气设备的短路保护与过载保护。

5．交流接触器

交流接触器具有控制容量大，能够远距离频繁操作，工作可靠及寿命长等特点。通常

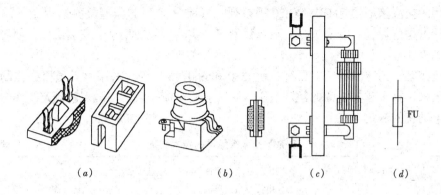

图 3-13 熔断器外形

(*a*) RC 型；(*b*) RL 型；(*c*) RM 型；(*d*) 表示符号

用于接通或断开电动机的主电路以及其他大容量电力设备控制电路的自动切换。

交流接触器的外形和结构示意如图 3-14 所示，主要由铁心、衔铁、线圈和触点系统组成。动触点通过连杆与衔铁连在一起，当线圈通电后，铁心产生电磁吸力，吸合衔铁，并使动触点向下移动，使一部分静触点闭合，另一部分静触点断开。当线圈失电时，借助弹簧作用，使触点位置复原。

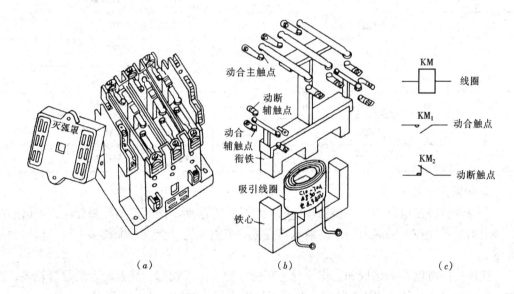

图 3-14 交流接触器的外形和结构示意图

(*a*) 外形图；(*b*) 结构图；(*c*) 符号

接触器触点有动合触点和动断触点两种。当线圈通电后，动合触点闭合，动断触点断开；当线圈失电后，所有触点复位。触点可分为主触点和辅助触点两种。主触点接触面积较大，允许通过较大的电流。主触点一般接在电动机的主电路上。辅助触点只能通过 5A 以下的小电流，接在控制电路中起各种控制作用。图 3-14 的交流接触器中，有 3 个主触点，2 个动合辅助触点和两个动断辅助触点。

常用的交流接触器有 CJX、CJ20 等系列，目前 B 系列的新型接触器得到了广泛的应用，其特点是重量轻、寿命长、辅触点数量多、线圈消耗功率小、安装维修方便等。其技术参数见表 3-5。

交流接触器的线圈额定电压有 220、380 和 660（V）等，选用时必须根据控制电路的供电电压来选择接触器线圈的额定电压，同时应使交流接触器主触点的额定工作电流大于或等于电动机的额定电流。

B 系列交流接触器的技术参数   表 3-5

型 号	接电动机的功率 （kW）		额定工 作电流 （A）	允许发 热电流 （A）	触点数量 （对）	备 注
	~ 220V	~ 380V				
B9	2.2	4	8.5	16	5	可配挂热继电器 T9
B12	3	5.5	11.5	20	5	可配挂 T12
B16	4	7.5	15.5	25	5	可配挂 T16
B25	6.5	11	22	40	5	可配挂 T25
B30	9	15	30	45	5	可配挂 T30
B37	10	18.5	37	45	4	可配挂 T37
B45	13	22	44	60	8	可配挂 TSA45
B65	16	33	65	80	8	可配挂 T65
B85	20	45	85	100	8	可配挂 T80
B105	28	55	105	140	8	可配挂 T90
B170	46	90	170	230	8	可配挂 T170
B250	60	132	250	300	8	可配挂 T250

6. 中间继电器

在电动机控制电路中，当接触器辅助触点数量有限而不能满足实际需要时，可借助中间继电器来扩大控制的能力，中间继电器是将一个输入信号变成一个或多个输出信号的继电器。

交流中间继电器的结构和工作原理与交流接触器基本相似，只是触点的数量较多，但触点的容量较小，用字母 KA 表示，图形符号同交流接触器。

常用的中间继电器的型号有 JZ7 系列，线圈的额定电压有 12、24、36、48、110、220、380（V）等规格。

7. 热继电器

三相电动机往往由于某种原因而过载运行，如果长时间过载，则会因温升过高，使定子绕组绝缘老化，影响使用寿命，严重时还会烧毁电动机的绕组。因此，必须对电动机进行过载保护，中小型三相电动机常用热继电器来进行过载保护。

热继电器的外形和结构原理如图 3-15 所示。双金属片是由两种不同热膨胀系数的金属碾压而成，由电阻丝组成的发热元件绕在双金属片外面。发热元件串联在电动机的主电路中，当电动机在额定负载下运行时，发热元件产生的热量不足以使双金属片产生足够的弯曲形变。一旦电动机过载，经过一定时间，双金属片因过热而产生足够大的弯曲形变，就通过传动杆和活板将动断触点（由动触点和静触点组成）断开，通过控制电路作用，使电动机失电，达到过载保护目的。

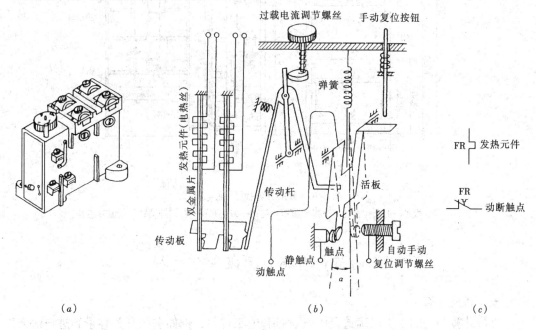

图 3-15　热继电器的外形结构原理图
（a）外形图；（b）结构原理图；（c）符号

　　热继电器的整定电流由过载电流调节螺丝来调节。一般调节热继电器的整定电流等于电动机的额定电流即可。当电动机工作电流为整定电流的 1.2 倍时，热继电器 20min 后动作；工作电流为整定电流的 1.5 倍时，2min 内动作；若电流超过 6 倍，则在 5s 内动作。所以，热继电器的保护特性是反时限的。

　　热继电器有手动复位和自动复位两种。手动复位的热继电器，动断点一旦断开后，不会自行复位（闭合），必须按下复位按钮，动断点才能复位。

六、低压配电屏

　　低压配电屏（柜）是按照一定的一、二次线路设计方案，将所需的电器元件组合起来的一种低压成套配电装置，用于变配电所或自备电站中作 500V 以下的动力和照明配电中。低压配电屏分为交流配电屏和直流配电屏两种，交流配电屏应用广泛，是低压交流配电系统中的主要配电装置。直流屏一般用在配电系统中或在变配电所的二次回路中直流控制时，用作开关控制、继电保护、自动装置和信号装置的操作电源。低压交流配电屏按功能分为进线柜、计量柜、配出柜、电容补偿柜、联络柜等；按其维护方式分为单面维护式和双面维护式两种。

　　目前国内生产的双面维护低压交流配电屏的主要系列型号有：PGL、BSL、GGD、GCS、GCL 系列等。图 3-16 为 BSL 的外形结构示意图。

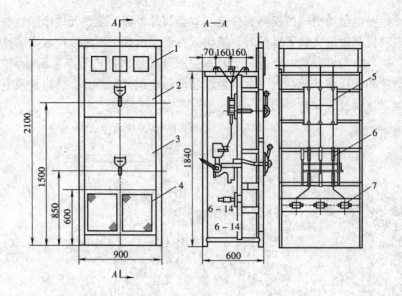

图 3-16　BSL-10 型低压配电屏
1—仪表板；2—上操作板；3—下操作板；4—门；5—刀关开；6—自动开关；7—电流互感器

第四节　负荷计算及导线选择

一、负荷计算

负荷计算的目的在于正确选择电气设备和电工材料，例如进线开关容量和进户线截面的大小，建筑物的电力变压器容量等，同时也能为合理进行无功功率补偿提供依据。

电力负荷的计算多采用"需要系数法"、"二项式法"、"利用系数法"等，主要介绍需要系数法。需要系数法是根据统计规律，按不同负荷类别，先分类计算，最后计算总的电力负荷。

1. 电力负荷的分类计算

电力负荷主要分为照明和动力设备负荷。当对称或负荷连续运行（如水泵、通风机等）时，同类设备负荷可直接相加，否则需要进行换算。

(1) 接于相电压（220V）的单相设备负荷换算为等效三相负荷

对于照明、电热器、单相电动机、单相电焊机等单相负荷，先将单相负荷均匀地分配到三相电路上，若负荷不能平衡对称时，取其中最大一相负荷乘以 3，即

$$P_a = 3P_{1m} \tag{3-1}$$

式中　P_{1m}——单相最大一相负荷的额定有功功率，单位为 kW；

P_a——不对称单相负荷的等效三相设备负荷，单位为 kW。

(2) 接于线电压（380V）的单相设备负荷换算为等效三相负荷

对于接线电压的单相负荷，电热器、单相电动机、单相电焊机等，只有一台设备时容量乘以 $\sqrt{3}$，三相等效计算负荷为

$$P_a = \sqrt{3}P_N \tag{3-2}$$

式中　P_N——接于线电压的单相负荷额定有功功率，单位为 kW；

P_a——等效三相设备负荷，单位为 kW。若有 2 台（或 5 台）单相负荷，应按 3 台（或 6 台）进行计算。

(3) 反复短时工作制的设备负荷计算

在建筑工地使用的用电设备中，如电焊机、卷扬机、吊车和起重机等负荷是不连续工作的，称为反复短时工作制的负荷。计算负荷时，应考虑其负载暂载率 JC，通常以百分数来表示。即

$$JC_N = \frac{负载工作时间}{负载工作时间 + 空载(停歇)时间} \times 100\% = \frac{t_B}{T} \times 100\%$$

$$= \frac{t_B}{t_B + t_0} \times 100\% \tag{3-3}$$

式中　t_B——负载的工作时间，单位为 s；

　　　t_0——停歇时间，单位为 s；

　　　T——一个工作周期的时间，单位为 s；

　　JC_N——额定暂载率。

在设备铭牌或产品说明书中给出额定暂载率 JC_N，因此在计算反复短时工作制的负荷时，应先进行换算。

1) 卷扬机、吊车和起重机类负载的换算。应先将该类负载的额定有功功率换算到统一暂载率为 25% 时的功率，即

$$P_a = P_N = \sqrt{\frac{JC_N}{JC_{25}}} = P_N\sqrt{\frac{JC_N}{25\%}} = 2P_N\sqrt{JC_N} \tag{3-4}$$

式中　P_N——铭牌给出的额定有功功率，单位为 kW；

　　JC_{25}——暂载率为 25%；

　　　P_a——换算到统一暂载率为 25% 时的设备负荷，单位为 kW。

2) 电焊机类负载的换算。应先将该类负载的额定视在功率换算到统一暂载率为 100% 时的视在功率，即

$$S_a = S_N\sqrt{\frac{JC_N}{JC_{100}}} = S_N\sqrt{JC_N}$$

换算到统一暂载率为 100% 时的有功功率为

$$P_a = S_a\cos\varphi = S_N\cos\varphi\sqrt{JC_N} \tag{3-5}$$

式中　S_N——铭牌给出的额定视在功率，单位为 kV·A；

　　$\cos\varphi$——额定功率因数；

　JC_{100}——暂载率为 100%；

　　　S_a——换算到统一暂载率为 100% 时的视在功率，单位为 kV·A；

　　　P_a——换算到统一暂载率为 100% 时的设备负荷，单位为 kW。

【例 3-1】　某建筑工地有 1 台卷扬机，其额定功率为 22kW，暂载率 JC_1 为 40%。另有 2 台单相电焊机，其额定视在功率为 3kV·A，功率因数为 0.45，暂载率 JC_2 为 50%。分别计算换算后的设备负荷。

【解】　卷扬机的换算功率为

$$P_{a1} = 2P_N\sqrt{JC_1} = 2 \times 22 \times \sqrt{40\%}\,kW = 27.83kW$$

单相电焊机的换算功率为

$$P_{a2} = S_a\cos\varphi = 3S_N\cos\varphi\sqrt{JC_2} = 3 \times 3 \times 0.45\sqrt{50\%}\,kW = 2.86\ kW$$

注：下列用电设备在进行负荷计算时，不列入设备容量之内：

(1) 备用生活水泵、备用电热水器、备用空调制冷设备及其他备用设备。

(2) 消防水泵、专用消防电梯以及消防状态下才使用的送风机、排风机等以及在非正常状态下投入使用的用电设备。

(3) 当夏季有吸收式制冷的空调系统，而冬季则利用锅炉取暖时，在后者容量小于前者情况下的锅炉设备。

2. 按需要系数法确定计算负荷

先将用电设备分组，按组别查出同类设备的需要系数和功率因数。单独运转及容量接近的电动机负荷需要系数 K_x 见表3-6；民用建筑照明负荷需要系数 K_x 见表3-7；动力设备的需要系数和功率因数见表3-8。

(1) 同类设备组的计算负荷

有功功率：$P_C = K_x P_a (kW)$ (3-6)

无功功率：$Q_C = P_c \cdot tg\varphi (kvar)$ (3-7)

视在功率：$S_C = \sqrt{Pc^2 + Qc^2}(kVA)$ (3-8)

计算电流：$I_C = \dfrac{S_C}{\sqrt{3}\,U_L} \times 10^3 (A)$ (3-9)

(2) 配电干线或变电所的计算负荷(总计算负荷)

总有功功率：$P_{\Sigma C} = K_\Sigma \Sigma(P_{C_1} + P_{C_2} + P_{C_3}\cdots) = K_\Sigma \Sigma P_C$ (3-10)

总无功功率：$Q_{\Sigma C} = K_\Sigma \Sigma(Q_{C_1} + Q_{C_2} + Q_{C_3}\cdots) = K_\Sigma \Sigma Q_C$ (3-11)

总视在功率：$S_{\Sigma C} = \sqrt{P_{\Sigma C}^2 + Q_{\Sigma C}^2}$ (3-12)

总计算电流：$I_{\Sigma C} = \dfrac{S_{\Sigma C}}{\sqrt{3}\,U_L} \times 10^3$ (3-13)

式中　P_a——同类设备组的总设备负荷；

K_x——同类设备组的需要系数；

U_L——额定线电压；

K_Σ——同时系数，一般取 0.8～1。

【例 3-2】　某高级旅馆的正常用电设备共 920kW（$\cos\varphi = 0.75$、$tg\varphi = 0.88$），消防用电设备共 120kW（$\cos\varphi = 0.7$、$tg\varphi = 1.02$），试选择变压器的容量和数量。

【解】　该大楼为二级电力负荷，应有两路高压电源进户，选择两台变压器互为备用。

(1) 正常用电设备的计算负荷。查表3-8，$K_X = 0.7$，$tg\varphi = 0.88$

$$P_{C1} = K_x P_{a1} = 0.7 \times 920kW = 644kW$$

$$Q_{C1} = P_{C1}tg\varphi = 644 \times 0.88kvar = 566.72kvar$$

$$S_{C1} = \sqrt{P_{C1}^2 + Q_{C1}^2} = \sqrt{644^2 + 566.72^2}kV \cdot A = 857.85\ kV \cdot A$$

(2) 消防用电设备的计算负荷。消防用电 K_X 取 1，$\cos\varphi = 0.7$，$tg\varphi = 1.02$

$$P_{C2} = K_x P_{a2} = 1 \times 120\text{kW} = 120\text{kW}$$

$$Q_{C2} = P_{C2}\text{tg}\varphi = 120 \times 1.02\text{kvar} = 122.4\text{kvar}$$

$$S_{C2} = \sqrt{P_{C2}^2 + Q_{C2}^2} = \sqrt{120^2 + 122.4^2}\,\text{kV}\cdot\text{A} = 171.41\ \text{kV}\cdot\text{A}$$

（3）变压器的容量选择。由于 S_{C2} 远小于 S_{C1}，且平时不工作，故变压器的容量可不考虑消防 S_{C2}，同时系数 K_Σ 取 0.9。

$$S_T \geqslant K_\Sigma S_{C1} \geqslant 0.9 \times 857.85\ \text{kV}\cdot\text{A} = 772.065\ \text{kV}\cdot\text{A}$$

查附录 D，可选择两台 $S_7\text{-}400/10$ 型变压器（互为备用），消防用电由其中一台变压器低压回路配电，另一台变压器作为备用回路配电，使用时切断正常用电设备负荷，即可满足消防用电负荷的要求。

单独运转、容量接近的电动机负荷需要系数 K_x 表 3-6

电动机（台）	<3	4	5	6~10	10~15	15~20	20~30	30~50
K_x	1	0.85	0.8	0.7	0.65	0.6	0.55	0.5

民用建筑照明负荷需要系数 K_x 表 3-7

建筑物名称		需要系数 K_x	备 注
一般住宅楼	20 户以下	0.6	单元式住宅，每户两室为多数，两室户内设 6~8 个插座
	20~50 户	0.5~0.6	
	50~100 户	0.4~0.5	
	100 户以上	0.4	
高级住宅楼		0.6~0.7	
单身宿舍楼		0.6~0.7	1 个开间内设 1~2 盏灯，2~3 个插座
一般办公楼		0.7~0.8	1 个开间内设 2 盏灯，2~3 个插座
高级办公楼		0.6~0.7	
科 研 楼		0.8~0.9	1 个开间内设 2 盏灯，2~3 个插座
发展与交流中心		0.6~0.7	
教学楼		0.8~0.9	
图 书 馆		0.6~0.7	3 个开间内设 6~11 盏灯，1~2 个插座
托儿所、幼儿园		0.8~0.9	
小型商业、服务业用房		0.85~0.9	
食堂、餐厅		0.8~0.9	
高级餐厅		0.7~0.8	
一般旅馆、招待所		0.7~0.8	1 个开间内设 1 盏灯，2~3 个插座
高级旅馆、招待所		0.6~0.7	带卫生间
旅游宾馆		0.35~0.45	单间客户内设 4~5 盏灯，4~6 个插座
电影院、文化馆		0.7~0.8	

<table>
<tr><th colspan="6">动力设备需要系数和功率因数
表 3-8</th></tr>
</table>

序　号	用电设备名称	用电设备数量 （台）	需要系数 K_x	功率因数 $\cos\varphi$	正切值 $\operatorname{tg}\varphi$
1	混凝土搅拌机及砂浆搅拌机	10 以下	0.7	0.68	1.08
2	混凝土搅拌机及砂浆搅拌机	10～30	0.6	0.65	1.16
3	混凝土搅拌机及砂浆搅拌机	30 以上	0.5	0.6	1.33
4	破碎机、筛洗机	10 以下	0.75	0.75	0.88
5	破碎机、筛洗机	10～50	0.7	0.7	1.02
6	点焊机		0.43～1	0.6	1.33
7	对焊机		0.43～1	0.7	1.02
8	自动焊接变压器		0.62～1	0.6	1.33
9	单头手动弧焊变压器		0.43～1	0.4	2.29
10	给排水泵、泥浆泵（缺准确工作情况资料时）		0.8	0.8	0.75
11	皮带运输机（当机械连锁时）		0.7	0.75	0.88
12	皮带运输机（当非机械连锁时）		0.6	0.75	0.88
13	电阻炉、干燥箱、加热器		0.8	1	0
14	卷扬机、塔吊、掘土机、起重机		0.2～0.25	0.5	1.73
15	大批生产及流水作业的冷回工车间		0.3～0.4	0.65	1.17
16	大批生产及流水作业的冷回工车间		0.2～0.25	0.5	1.73
17	通风机、水泵		0.75～0.85	0.8	0.75
18	卫生保健用的通风机		0.65～0.7	0.8	0.75
19	生产厂房、实验室及办公室照明		0.8～1	1	0
20	工地及户外照明		1	1	0

二、导线选择

（一）导线与电缆型号的选择

第二章中已对导线、电缆型号的选择作了介绍，故不再叙述。

（二）导线和电缆截面积的选择

1. 导线和电缆截面积的选择原则

主要从载流量、电压损失条件和机械强度三个方面来考虑。

（1）载流量法　载流量是指导线或电缆在负荷长期连续运行时，允许通过的电流值。载流量法又称按发热条件选择法。

（2）电压损失条件　电压损失是指线路上的损失，线路越长引起的电压降越大，将会使线路末端的负载不能正常工作。

（3）机械强度　导线和电缆应有足够的机械强度，可避免在刮风、结冰或施工时被拉断，造成供电中断和其他事故的发生。

2. 导线与电缆截面积的选择方法

具体做法是先用一种方法计算，再用另外两种方法校验，最后选择能满足要求的截面积。

（1）按发热条件（载流量法）选择。

该方法适合于动力系统及负荷供电距离小于 200m 的导线和电缆截面积的选择。其计算公式为

$$I_{N} \geqslant I_{\Sigma C} = \frac{K_x P_{\Sigma C}}{\sqrt{3} \, U_L \cos\varphi} \times 10^3 \qquad (3\text{-}14)$$

式中　$P_{\Sigma C}$——负荷的计算容量，单位为 kW；

$\quad\quad I_{\Sigma C}$——负荷的计算电流，单位为 A；

$\quad\quad K_x$——负荷的需要系数；

$\quad\quad U_L$——额定线电压为 380V；

$\quad\quad \cos\varphi$——总功率因数；

$\quad\quad I_N$——导线截面积长期连续允许通过的工作电流（载流量），单位为 A。

导线与电缆的载流量取决于截面积、环境温度及敷设方式的影响。电力电缆及裸导线长期连续负荷允许载流量见表 3-12；绝缘导线（500V）长期连续负荷允许载流见表 3-13。

【例 3-3】　某车间总计算负荷为 120kW，总功率因数为 0.75，其中一条支线的有功功率为 3 kW，功率因数 0.66。求干线和支线的导线截面积（干线电源三相 380V，支线电源单相 220V，环境温度为 25℃，均采用钢管暗敷设）。

【解】　干线计算电流为

$$I_{\Sigma C} = \frac{P_{\Sigma C}}{\sqrt{3} \, U_L \cos\varphi} = \frac{120 \times 10^3}{\sqrt{3} \times 380 \times 0.75}\text{A} = 243.1\text{A}$$

选择铜芯橡皮绝缘导线穿钢管保护，查表 3-13 可得相线截面积为 150mm²，载流量为 260A，即 BX – 500 –（3 × 150 + 1 × 95）– SC120。其中相线三根截面积为 150mm²，中性线截面积为 95 mm²，穿钢管 ϕ120mm 保护。

支线计算电流为

$$I_j = \frac{P_C}{U_P \cos\varphi} = \frac{3 \times 10^3}{220 \times 0.6}\text{A} = 20.66\text{A}$$

选铜芯塑料线穿钢管保护，查表 3-13 可得，截面积 2.5mm²，载流量为 28A，即 BV – 2 × 2.5 – SC15。若选铝芯塑料线，查表 3-13 可得，截面积 4mm²，载流量为 28A，即 BLV – 2 × 4 – SC20。

（2）按电压损失条件选择。

为保证供电质量，在按发热条件选择导线截面积之后，须用电压损失条件进行验证，其计算公式为

$$\Delta U(\%) = \frac{P_C L}{CA}(\%) \qquad (3\text{-}15)$$

式中　ΔU（%）——电压损失，见表 3-9；

$\quad\quad P_C$——计算负荷功率，单位为 kW；

$\quad\quad L$——线路距离，单位为 m；

$\quad\quad C$——电压损失常数，见表 3-10；

$\quad\quad A$——导线的截面积，单位为 mm²。

若用电压损失条件验证结果大于表 3-9 中规定值，需增大一级导线的截面积，然后再进行验证。

一般在照明线路中，为了保证供电质量，通常先采用电压损失条件来选择导线。若线路较远（$L \geqslant 200\text{m}$）时，也应先按电压损失条件选择导线，其计算公式为

$$A = \frac{M}{C\Delta U} = \frac{P_{\text{C}}L}{C\Delta U} \tag{3-16}$$

式中　M——负荷距，单位为 $\text{kW}\cdot\text{m}$。

【例3-4】　某建筑工地的计算负荷为30kW，$\cos\varphi = 0.78$，距变电所240m，采用架空配线，环境温度为30℃，试选择输电线路的导线截面。

【解】　1）按发热条件选择，先计算工作电流，即

$$I_{\text{C}} = \frac{P_{\text{C}} \times 10^3}{\sqrt{3}\,U_{\text{N}}\cos\varphi} = \frac{30 \times 10^3}{\sqrt{3} \times 380 \times 0.78}\text{A} = 58.43\text{A}$$

按铝芯明设，查表3-13可得截面为 16mm^2 的橡皮绝缘导线，其载流量为79A。再用电压损失条件进行验证。

电压损失 ΔU 表　　　　　　　　　　　　　　　　　　表 3-9

设备名称情况	ΔU（%）	说　　明
1　照　明		
一　般　照　明	5	例如：线路较长或与动力共用的线路自 12V 或 36V 降压变压器开始计算
应　急　照　明	6	
局部设备或移动设备	10	
厂区外部照明	4	
2　动　力		
正　常　工　作	5	例如：事故情况，数量少及容量小的电机，且使用不长；
正常工作（特殊情况）	8	
启　　动	10	例如：大型异步电动机，且启动次数小，尖峰电流小的情况下
启动（特殊情况）	15	
吊车（交流）	9	
电热及其他设备	5	

2）按电压损失条件验证。查表 3-10，得 $C = 46.3$。则

$$\Delta U\% = \frac{M}{CA} = \frac{P_{\text{C}}L}{CA} = \frac{30 \times 240}{46.3 \times 16} = 9.72\%$$

根据动力线路允许电压损失不超过 5%，故不满足要求，需加大一级导线截面再进行验证。

$$\Delta U\% = \frac{M}{CA} = \frac{P_{\text{C}}L}{CA} = \frac{30 \times 240}{46.3 \times 25} = 6.22\%$$

仍不满足要求，故选择 $\text{BLX} - 4 \times 35$ 橡皮绝缘导线架空明设。

电压损失的计算常数　　表 3-10

线路系统及电流种类	额定电压（V）	C 值	
		铜　线	铝　线
三相四线制	380/220	77	46.3
单相交流或直流	200	12.8	7.75
	110	3.2	1.9
	36	0.34	0.21
	24	0.153	0.092
	12	0.038	0.023

3）按电压损失条件选择导线。由于 $L = 240\text{m}$，故可以先按电压损失条件选择导线，

再按导线发热条件进行验证。取 $\triangle U\% = 5\%$，$C = 46.3$，则

$$A = \frac{M}{C\triangle U} = P_C \frac{L}{C\triangle U} = \frac{30 \times 240}{46.3 \times 5}\text{mm}^2 = 31.1\text{mm}^2$$

由结果可得，选择 BLX-4×35 橡皮绝缘导线可以满足条件。

（3）按机械强度条件选择。

选择导线与电缆时，应有足够的机械强度，按机械强度要求导线和电缆允许的最小截面见表 3-11。

按机械强度要求导线和电缆允许的最小截面 表 3-11

导 线 用 途	导线和电缆允许的最小截面（mm²）	
	铜 芯 线	铝 芯 线
照明：户内	0.5	2.5
户外	1.0	2.5
用于移动用电设备的软电线或软电缆	1.0	—
户内绝缘支架上固定绝缘导线的间距：		
2m 以下	1.0	2.5
6m 以下	2.5	4.0
25m 以下	4.0	10.0
裸导线：户内	2.5	4.0
户外	6.0	16.0
绝缘导线：木槽板敷设	1.0	2.5
穿管敷设	1.0	2.5
绝缘导线：户外沿墙敷设	2.5	4.0
户外其他方式	4.0	10.0

一般导线与电缆截面积的选择是先按发热条件（载流量法）或电压损失条件选择，最后按机械强度条件验证，取其中最大值，再按导线与电缆的标称值来选定。

电力电缆及裸导线长期连续负荷允许载流表 表 3-12

截面（mm²）	1~3kV 聚氯乙烯绝缘聚氯乙烯护套电力电缆长期连续允许载流量								1~3kV 聚氯乙烯绝缘聚氯乙烯护套铠装铝芯电力电缆长期连续允许载流量								裸铝导线		裸铜导线	
	空 气 中 敷 设								直 埋 地 下 敷 设											
	铝 芯				铜 芯				土壤热阻系数 $\rho = 80℃$（cm/W）				土壤热阻系数 $\rho = 120℃$（cm/W）				户内	户外	户内	户外
	一芯	二芯	三芯	四芯	一芯	二芯	三芯	四芯	一芯	二芯	三芯	四芯	一芯	二芯	三芯	四芯				
4	31	26	22	22	41	35	29	29	—	25	30	29	—	32	27	26	—	—	27	50
6	41	34	29	29	54	44	38	38	—	43	38	37	—	40	34	34	—	—	35	70
10	55	46	40	40	72	60	52	52	75	56	51	50	69	52	46	45	55	75	60	95
16	74	61	53	53	97	79	69	69	99	76	67	65	91	70	60	59	80	105	100	130
25	102	83	72	72	12	107	93	93	113	100	88	85	119	91	79	77	110	135	140	180
35	124	95	87	87	162	124	113	113	160	121	107	110	145	108	94	97	140	170	175	220

截面 (mm²)	1~3kV聚氯乙烯绝缘聚氯乙烯护套电力电缆长期连续允许载流量 空气中敷设 铝芯 一芯	二芯	三芯	四芯	铜芯 一芯	二芯	三芯	四芯	1~3kV聚氯乙烯绝缘聚氯乙烯护套铠装铝芯电力电缆长期连续允许载流量 直埋地下敷设 土壤热阻系数 ρ=80℃(cm/W) 一芯	二芯	三芯	四芯	土壤热阻系数 ρ=120℃(cm/W) 一芯	二芯	三芯	四芯	裸铝导线 户内	户外	裸铜导线 户内	户外
50	157	120	108	108	204	155	140	140	197	147	133	135	177	132	116	118	175	215	220	270
70	195	151	135	135	253	196	175	175	241	180	162	162	216	160	142	142	220	265	280	342
95	230	182	165	165	300	238	214	214	287	214	190	196	256	219	166	171	280	325	340	415
120	276	211	191	191	356	273	247	247	331	247	218	223	294	246	190	194	40	375	405	485
150	316	242	225	225	410	315	293	293	376	277	248	252	334	—	216	218	405	440	480	570
185	358	—	257	257	465	—	332	332	422	—	279	284	374	—	242	246	480	500	550	645
240	425	—	306	306	552	—	396	396	492	—	324	—	436	—	295	—	550	610	650	770
300	490	—	—	—	636	—	—	—	551	—	—	—	483	—	—	—	650	680		
400	589	—	—	—	757	—	—	—	656	—	—	—	560	—	—	—				
500	680	—	—	—	886	—	—	—	745	—	—	—	658	—	—	—				
625	787	—	—	—	1025	—	—	—	847	—	—	—	748	—	—	—				
800	934	—	—	—	1338	—	—	—	990	—	—	—	868	—	—	—				

绝缘导线（500V）长期连续负荷允许载流量表　　表3-13

（以下各行导线材质均为铜芯）

导线截面 mm²	明敷25℃橡皮	明敷25℃塑料	明敷30℃橡皮	明敷30℃塑料	橡皮25℃金属2根	3根	4根	橡皮25℃塑料2根	3根	4根	橡皮30℃金属2根	3根	4根	橡皮30℃塑料2根	3根	4根	塑料25℃金属2根	3根	4根	塑料25℃塑料2根	3根	4根	塑料30℃金属2根	3根	4根	塑料30℃塑料2根	3根	4根
1.0	21	19	20	18	15	14	12	13	12	11	14	13	11	12	11	10	14	13	11	12	11	10	13	12	10	11	10	9
1.5	27	24	25	22	20	18	17	17	16	14	19	17	16	16	15	13	19	17	16	16	15	13	18	16	15	15	14	12
2.5	35	32	33	30	28	25	23	25	22	20	26	23	21	23	21	19	26	24	22	24	21	19	24	22	21	22	19	18
4	45	42	42	39	38	33	30	33	30	26	35	31	28	31	28	25	35	31	28	33	29	26	33	29	26	29	26	23
6	58	55	54	51	46	40	34	39	34	30	44	38	32	37	33	28	47	41	35	44	38	33	44	38	32	38	33	30
10	85	75	80	67	68	60	53	59	52	46	64	56	50	55	49	44	65	57	50	61	53	47	56	50	44	52	46	41
16	110	105	103	96	86	77	69	76	68	60	80	72	65	71	64	56	82	73	65	72	65	57	77	68	61	67	61	53
25	145	138	136	129	113	100	90	100	90	80	106	94	84	94	84	75	107	95	85	95	85	75	100	89	80	89	80	70
35	180	170	168	159	140	122	110	125	110	98	131	114	103	117	103	92	133	115	105	120	105	93	124	108	98	112	98	87
50	230	215	215	201	175	154	137	160	140	123	164	144	128	150	131	115	165	146	130	150	132	117	154	137	122	140	123	109
70	285	265	267	248	215	193	173	195	175	155	201	181	162	182	164	145	205	183	165	185	167	148	194	171	154	173	156	138
95	345	325	323	304	260	235	210	240	215	195	243	220	197	224	201	182	250	225	200	230	205	185	234	210	187	215	192	173
120	400	—	374	—	300	270	245	278	250	227	280	252	229	260	234	212	—	—	—	—	—	—	—	—	—	—	—	—
150	470	—	439	—	340	310	280	320	290	265	318	290	262	299	271	248	—	—	—	—	—	—	—	—	—	—	—	—
185	540	—	505	—	—	—	—	—	—	—	—	—	—	—	—	—	—	—	—	—	—	—	—	—	—	—	—	—
240	660	—	617	—	—	—	—	—	—	—	—	—	—	—	—	—	—	—	—	—	—	—	—	—	—	—	—	—

导线截面 mm²	导线明敷设（A）				橡皮绝缘导线多根同穿在一根管内时，允许负荷电流（A）												塑料绝缘导线多根同穿在一根管内时，允许负荷电流（A）											
	25℃		30℃		25℃						30℃						25℃						30℃					
	橡皮	塑料	橡皮	塑料	穿金属管			穿塑料管			穿金属管			穿塑料管			穿金属管			穿塑料管			穿金属管			穿塑料管		
					2根	3根	4根	2根	3根	4根	2根	3根	4根	2根	3根	4根	2根	3根	4根	2根	3根	4根	2根	3根	4根	2根	3根	4根
铝芯 2.5	27	25	25	23	21	19	16	19	17	15	20	18	15	18	16	14	20	18	15	18	16	14	19	17	14	17	16	13
4	35	32	33	30	28	25	23	25	23	20	26	23	22	23	22	19	27	24	22	24	22	19	25	22	21	22	21	20
6	45	42	42	39	37	34	30	33	29	26	35	32	26	31	27	24	35	32	26	31	27	24	33	30	26	29	28	24
10	65	59	61	55	52	46	40	44	40	35	49	43	38	41	38	33	49	44	38	41	38	33	46	41	36	39	38	34
16	85	80	80	75	66	59	52	58	52	46	62	55	49	54	49	43	63	56	50	55	49	44	59	52	47	51	49	44
25	110	105	103	98	86	76	68	77	68	60	80	71	64	72	64	56	80	79	65	73	65	57	75	65	61	68	61	57
35	138	130	129	122	106	94	83	95	84	74	99	89	78	89	79	69	100	90	80	90	80	70	94	84	75	84	79	70
50	175	165	164	154	138	118	105	120	108	95	124	110	98	112	101	89	125	110	100	114	102	90	117	103	94	107	96	88
70	220	205	206	192	165	150	133	153	135	120	154	140	124	143	126	112	155	143	127	145	130	115	145	134	119	136	125	111
95	265	250	248	234	200	180	160	184	165	150	187	168	150	172	154	140	190	170	152	175	158	140	178	159	142	164	149	133
120	310	—	290	—	230	210	190	210	190	180	215	197	178	197	178	159	—	—	—	—	—	—	—	—	—	—	—	—
150	360	—	337	—	260	240	220	250	227	205	243	224	206	234	212	192	—	—	—	—	—	—	—	—	—	—	—	—

思 考 题 与 习 题

1. 某大楼实验室采用三相四线制交流 50Hz、380/220V 配电，室内装 2kW 单相电阻炉 5 台、3kW 单相干燥器 4 台、照明用电 1.5kW。试将各类单相用电负荷合理地分配在三相四线制线路上，并确定大楼实验室的计算负荷。

2. 某工厂有 7.5kW 的车床共 10 台，10kW 的铣床共 5 台，5.5kW 刨床共 6 台，11kW 的大吊车共 3 台，1kW 的砂轮机共 5 台，试计算加工厂的电力负荷（$K_x = 0.25$、$\cos\varphi = 0.75$）。

3. 有一条电压为 380/220V 的配电线路，采用铝芯橡皮线架空敷设（环境温度为 30℃），线路长 220m，计算负荷功率为 100kW，试选择铝芯橡皮导线的截面积。若改用铜芯橡皮线，其截面积又为多少（$\Delta U = 5\%$）。

4. 距离供电点 280m 的教学楼，其计算负荷为 75kW，设架空干线的电压损失为 5%，环境温度为 30℃，试选择其截面积。

5. 电力负荷是如何分级的？各级负荷的供电有什么要求？

6. 我国规定的电压等级有哪些？安全电压的限值是多少？

7. 低压配电方式有几种？具体各适合哪些场合？低压配电线路包括哪些内容？

8. 高层建筑的低压配电系统有几种？

9. 6～10kV 变电所的选择原则是什么？变电所的作用是什么？

10. 高压开关柜内安装哪些高压电器？根据功能高压开关柜一般有哪些柜型？

11. 低压开关柜包括哪几种柜型？空气断路器有哪几种保护功能？

12. 负荷计算方法一般有哪几种？什么是需用系数法？什么是等效三相负荷？

13. 负荷计算对供电设计有什么意义？

14. 选择导线截面的原则是什么？

第四章　建筑设备电气控制

第一节　三相异步电动机

异步电机是一种交流旋转电机，异步电机可分为异步发电机和异步电动机。异步电动机的优点是：结构简单、维护方便、运行可靠、成本低廉、效率较高，因此在工农业生产中应用广泛。不足之处为：在运行时要从电网吸取感性无功电流来建立磁场，降低了电网功率因数，增加线路损耗，限制电网的功率传送，并且启动和调速性能较差。

一、三相异步电动机的基本结构和工作原理

（一）基本结构

三相异步电动机的结构主要由定子和转子两大部分组成。转子装在定子铁心空腔内，定子与转子之间有空气隙。图 4-1 为笼型异步电动机的结构图。

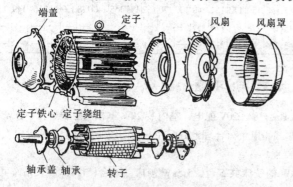

图 4-1　笼型异步电动机的构造

1. 定子

定子部分主要由定子铁心、定子绕组和机座三部分组成。

（1）定子铁心　定子铁心是电机磁路的组成部分，为减少铁心损耗，一般用 0.5mm 厚的硅钢片叠成，叠片冲有嵌放绕组的槽，安放在机座内。中小型电机的定子铁心和转子铁心都采用整圆冲片，如图 4-2 所示。大中型电机常采用扇形冲片拼成一个圆。为了冷却铁心，在大容量电机中，定子铁心分成很多段，每两段之间留有通风槽，作为冷却空气的通道。

（2）定子绕组　定子绕组是电机的电路部分，将其嵌放在定子铁心的内圆槽内。定子绕组分单层和双层两种。一般小型异步电动机采用单层绕组，大中型异步电动机采用双层绕组。

（3）机座　机座的作用是固定和支撑定子铁心及端盖，因此，机座应有较好的机械强度和刚度。中小型电动机一般用铸铁机座，大型电动机则用钢板焊接而成。定子机座和铁心冲片如图 4-2 所示。

2. 转子

转子主要由转子铁心、转子绕组和转轴三部分组成。整个转子由端盖的轴承支

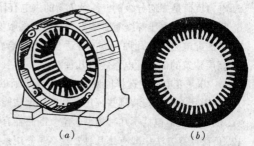

图 4-2　定子机座和铁心冲片
（a）定子机座；（b）定子铁心冲片

撑。转子的主要作用是通过电磁感应，实现机电能量的转换。

（1）转子铁心　转子铁心也是电机磁路的一部分，一般用 0.5mm 厚的硅钢片叠成，转子铁心叠片冲有嵌放绕组的槽，如图 4-3 所示。转子铁心固定在转轴或转子支架上。

（2）转子绕组　根据电机转子绕组的结构形式，异步电动机可分为笼型异步电动机和绕线式异步电动机两种。

1）笼型转子　笼型转子如图 4-4 所示。大型电动机采用铜导条，见图 4-4（a）。中小型电动机的笼型转子一般都采用铸铝，见图 4-4（b）。

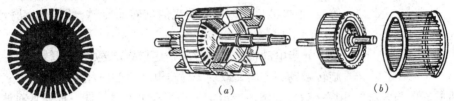

（a）　　　　　　　　（b）

图 4-3　转子铁心冲片　　　　　　　　图 4-4　笼型转子

2）绕线转子　在绕线转子铁心的槽内嵌有三相绕组，一般作星形连接，三个端头分别接在与转轴绝缘的三个滑环上，再经一套电刷引出来与电路相连，绕线式转子如图 4-5所示。

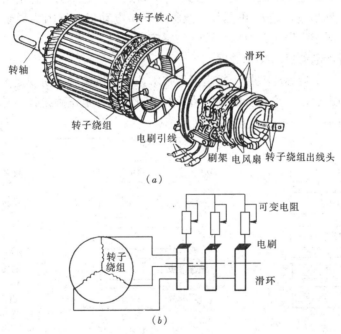

图 4-5　绕线式转子

（a）绕线式转子；（b）绕线转子回路接线示意图

（3）转轴　转轴用强度和刚度较高的低碳钢制成，端盖一般用铸铁或钢板制成。

3. 气隙

异步电动机的气隙是均匀的。气隙大小对异步电动机的运行性能和参数影响较大，中小型电机一般为 0.1～1mm。

（二）基本工作原理

异步电动机的定子铁心，嵌放着对称的三相绕组 U1—U2、V1—V2、W1—W2。转子绕组自行构成闭合回路。如图4-6为异步电动机的工作原理图。

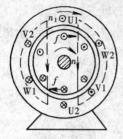

图4-6　异步电动机
工作原理图

三相异步电动机转动的基本原理是：三相对称绕组中通入三相对称电流会产生旋转磁场，转子导体切割旋转磁场而产生感应电动势和感应电流，转子载流导体在磁场中受到电磁力的作用，而形成电磁转矩，驱使电动机转子转动。将输入的电能变成旋转的机械能。如果电动机轴上带有机械负载（如水泵、切削机床等），则机械负载随着电动机的旋转而旋转，因而电动机对机械负载做了功。

异步电动机的旋转方向始终与旋转磁场的旋转方向一致，而旋转磁场的方向又取决于异步电动机的三相电流相序。三相异步电动机的转向与电流的相序一致，只需改变电流的相序即可改变转向，即任意对调电动机的两根电源线，便可使电动机反转。

异步电动机的转速恒小于旋转磁场转速 n_1，因为只有这样，转子绕组才能产生电磁转矩，使电动机旋转。如果 $n = n_1$，转子绕组与定子磁场之间不存在相对运动，则转子绕组中无感应电动势和感应电流产生，可见 $n < n_1$，是异步电动机工作的必要条件。由于电动机转速 n 与旋转磁场转速 n_1 不同步，故称为异步电动机。又因为异步电动机转子电流是通过电磁感应作用产生的，所以又称其为感应电动机。

二、三相异步电动机的铭牌数据

电动机的铭牌上均标注型号、额定值等技术数据。按铭牌上所规定的额定值和工作条件运行，称为额定运行。铭牌上的额定值及有关技术数据是正确设计、选择、使用和检修电机的依据。图4-7为三相异步电动机的铭牌。

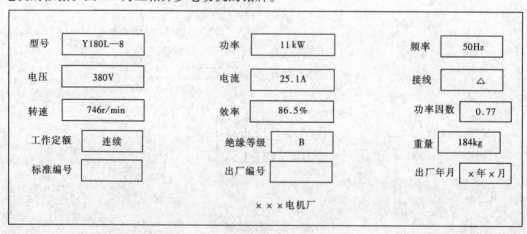

型号	Y180L—8	功率	11 kW	频率	50Hz
电压	380V	电流	25.1A	接线	△
转速	746r/min	效率	86.5%	功率因数	0.77
工作定额	连续	绝缘等级	B	重量	184kg
标准编号		出厂编号		出厂年月	×年×月

×××电机厂

图4-7　三相异步电动机的铭牌

（一）型号

异步电动机的型号主要包括产品代号、设计序号、规格和特殊环境代号等，产品代号表示电机的类型，用大写字母表示。如 Y——表示异步电动机，YR——表示绕线转子异步电动机等。设计序号系指电动机产品设计的顺序，用阿拉伯数字表示。规格代号分别用中心高、铁心外径、机座号、机座长度、铁心长度、功率、转速或极数表示。

以 Y 系列异步电动机为例，说明型号中各字母及数字代表的含义。

小型异步电动机

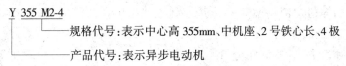

Y 90L-4
—— 规格代号：表示中心高 90mm、长机座、4 极
—— 产品代号：表示异步电动机

中型异步电动机

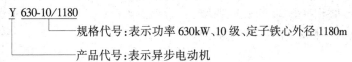

Y 355 M2-4
—— 规格代号：表示中心高 355mm、中机座、2 号铁心长、4 极
—— 产品代号：表示异步电动机

大型异步电动机

Y 630-10/1180
—— 规格代号：表示功率 630kW、10 级、定子铁心外径 1180m
—— 产品代号：表示异步电动机

（二）额定值

额定值是制造厂对电机在额定工作条件下所规定的一个量值。

1. 额定电压 U_N

指在额定运行状态下运行时，规定加在电动机定子绕组上的线电压值，单位为 V 或 kV。

2. 额定电流 I_N

指在额定运行状态下运行时，流经电动机定子绕组的线电流值，单位为 A 或 kA。

3. 额定功率 P_N

指电动机在额定状态下运行时，转子轴上输出的机械功率，单位为 W 或 kW。

对于三相异步电动机，其额定功率为

$$P_N = \sqrt{3}\, U_N I_N \eta_N \cos\varphi_N \times 10^{-3} (kW)$$

式中　η_N——电动机的额定效率；

　$\cos\varphi_N$——电动机的额定功率因数；

　U_N——电动机的额定电压，单位为 V；

　I_N——电动机的额定电流，单位为 A；

　P_N——电动机的额定功率，单位为 kW。

4. 额定频率 f_N

在额定状态下运行时，电动机定子侧电压的频率称为额定频率，单位为 Hz。我国电网 $f_N = 50Hz$。

5. 额定转速 n_N

指额定运行时电动机的转速，单位为 r/min。

（三）接线

接线是指在额定电压下运行时，电动机定子三相绕组的连接方式分为星形连接和三角形连接两种，具体采用哪种接线取决于每相绕组能承受的电压设计值与电源电压。例如三相异步电动机每台相绕组端电压为 220V，铭牌上标有 220/380V，D，Y 连接，需采用哪种接线根据电源电压而定。若电源电压为 220V 时用三角形连接，380V 时用星形连接。

国产 Y 系列电动机接线端标志，如表
4-1 所示。三相异步电动机接线如图 4-8 所
示。

Y 系列三相异步电动机接线端标志

表 4-1

首端	U1	V1	W1
末端	U2	V2	W2

（四）电机的防护等级

电动机外壳防护等级的标志方法，是以字母"IP"和其后面的两位数字表示的。"IP"
为国际防护的缩写。IP 后面第一位数字代表第一种防护形式（防尘）的等级，共分 0 ~ 6
七个等级。第二个数字代表第二种防护形式（防水）的等级，共分 0 ~ 8 九个等级，数字越大，表示防护的能力越强。例如 IP44 标志电动机能防护大于 1mm 固体物入内，同时能防溅水入内。

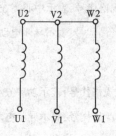
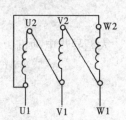

三、三相异步电动机的选择

在工农业生产中，三相异步电动机得到了广泛的应用，正确地选择电动机的功率、种类、形式是非常重要的。

（一）功率的选择

选择时如果电动机的功率过大，其效率和功率因数偏低，不能经济合理使用。如果电动机的功率过小，不能保证电动机和生产机械的正常运行，由于长期过载易毁坏电动机。电

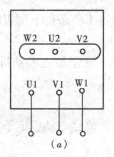
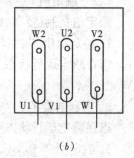

图 4-8　三相异步电动机接线
（a）星形连接；（b）三角形连接

动机功率的选择根据生产机械所需的功率确定。

1. 连续运行电动机功率的选择

对连续运行的电动机，所选电动机的额定功率等于或稍大于生产机械的功率即可。

2. 短时运行电动机功率的选择

短时运行电动机包括闸门电动机、机床中的夹紧电动机、尾座和横梁移动电动机以及刀架快速移动电动机等。由于发热惯性，在短时运行时可以容许过载，但电动机的过载是受到限制的。因此，通常是根据过载系数 λ 来选择短时运行电动机的功率。电动机的额定功率可以是生产机械所要求的功率的 $\frac{1}{\lambda}$。

（二）种类和形式的选择

1. 种类的选择

选择电动机的种类是从交流或直流、机械特性、调速与启动性能、维护及价格等方面来考虑的。

生产实际中大多选用交流电动机。三相鼠笼式异步电动机结构简单、工作可靠、价格低廉、维护方便。其主要缺点是调速困难，启动性能较差。因此，对无特殊调速要求的生

产机械应优先采用鼠笼式电动机拖动。

三相绕线式异步电动机的基本性能与鼠笼式相同。其特点是启动性能较好，并可在小范围内平滑调速。其价格高于鼠笼式电动机，维护也不方便。因此，对需要在重载情况下启动的生产机械，如起重机、卷扬机等宜选用绕线式异步电动机拖动。

2. 结构形式的选择

生产机械种类繁多，各自的工作环境不尽相同。为了保证拖动生产机械的电动机在不同工作环境中安全可靠的运行，电动机的结构形式有下列几种：

（1）开启式　在构造上无特殊防护装置，用于干燥无灰尘的场所。

（2）防护式　在机壳或端盖下面有通风罩，以防止铁屑等杂物掉入。或将外壳做成挡板状，以防止在一定角度内有雨水溅入其中。

（3）封闭式　封闭式电动机的外壳严密封闭，电动机靠自身风扇或外部风扇冷却，并在外壳带有散热片。在灰尘多、潮湿或含有酸性气体的场所采用封闭式电动机。

（4）防爆式　整个电机严密封闭，用于有爆炸性气体的场所。

（三）电压和转速的选择

1. 电压的选择

电动机电压等级的选择应根据电动机类型、功率以及电源电压来决定。Y系列鼠笼式电动机的额定电压为380V，大功率异步电动机采用3000V和6000V。

2. 转速的选择

电动机的额定转速是根据生产机械对转速的要求而选定的，通常转速不低于500 r/min。因为当功率一定时，电动机的转速愈低，则其结构尺寸愈大，价格愈贵，而且效率较低。

第二节　继电—接触控制的基本环节

随着建筑业智能技术的发展，对建筑电气控制提出了越来越高的需求。为满足生产机械的要求，采用了许多新的控制元件，如电子器件、晶闸管器件以及传统的继电器、接触器等，通过编程器、计算机及网络的应用进行系统的集成，为智能建筑提供了控制保证，但继电——接触控制仍是控制系统中最基本，应用最广泛的控制方法。

一、电气控制图形的绘制规则

电气控制线路是用导线将电机、继电器、接触器等电气元件按生产机械的动作及工艺要求进行连接，并能实现某种控制功能的线路。电气控制线路图必须清楚地表达生产机械电气控制系统的结构、原理等设计意图，并且便于进行电气元件的安装、调整、使用和维修。因此，电气控制线路图应根据简明易懂的原则，采用统一规定的图形符号、文字符号和标准画法来进行绘制。

（一）电气控制线路图常用符号

电气控制线路的表示方法有两种：安装图和原理图。由于各自的用途不同，故绘制原则有所差别。

1. 常用电气图形符号

在绘制电气线路图时，电气元件的图形符号和文字符号必须符合国家标准的规定，表4-2为电气图形符号表，符合国家规范《电气图用图形符号》的有关规定。

名　称		图形符号	文字符号缩写	名　称		图形符号	文字符号缩写
三相电源开关			QS	热继电器	热元件		FR
按　钮	启　动		SB		常闭触点		
	停　止			继电器	常开触点		相应符号
	复合触点				常闭触点		
接触器	线圈		KM	电　阻			R
	主触点			速度继电器	常开触点		KS
	常开辅助触点				常闭触点		
	常闭辅助触点			旋动开关			SA
熔断器			FU	交流电动机			M
直流电动机			M	三相绕线型异步电动机			M
三相鼠笼型异步电动机			M	桥式整流装置			VC
低压断路器			QF	时间继电器	线　圈		KT
位置（行程）开关	常开触点		SQ		延时闭合动断（常开）触点	或	
	常闭触点				延时打开动合（常闭）触点	或	
	复合触点				延时打开动合（常开）触点	或	
					延时闭合动断（常闭）触点	或	

续表

名　称	图形符号	文字符号缩写	名　称		图形符号	文字符号缩写
电　抗　器		L	继电器	中间继电器		KA
中间断开的双向触头		Q		欠电压继电器	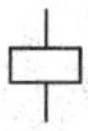	KA
电磁离合器		YC		欠（过）电流继电器	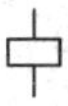	KI
				半导体二极管	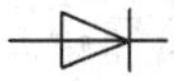	P
信号灯		HL		保护接地		PE

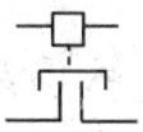

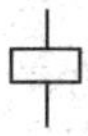

（二）电气控制线路图

1．电气原理图

电气原理图一般分为主电路和辅助电路两个部分。主电路是电气控制线路中大电流通过的部分，是由电机以及与其相连接的电气元件如电源开关、接触器的主触点、热继电器的热元件、熔断器等组成的线路。辅助电路中通过的电流较小，包括控制电路、照明电路、信号电路及保护电路。其中控制电路是由按钮、继电器和接触器的吸引线圈和辅助触点等组成。电气原理图能够清楚地表明电路的功能，对于分析电路的工作原理十分方便。

（1）绘制电气原理图的原则。

根据简单清晰的原则，原理图采用电气元件展开的形式绘制。包括所有电气元件的导电部分和接线端点，并不按照电气元件的实际位置来绘制，不反映电气元件的尺寸大小。绘制电气原理图应遵循以下原则：

1）所有电机、电器等元件都应采用国家统一规定的图形符号和文字符号来表示。

2）主电路用粗实线绘制在图的左侧或上方，辅助电路用细实线绘制在图的右侧或下方。

3）无论是主电路还是辅助电路或其元件，均应按功能布置，各元件尽可能按动作顺序从上到下，从左到右排列。

4）在原理图中，同一电路的不同部分（如线圈、触点）应根据便于阅读的原则安排在图中，为了表示是同一元件，要在元件的不同部分使用同一文字符号来标明。对于同类元件，必须在名称前、名称后或下标加上数字序号以区别，如 KM1、KM2。

5）所有元件的可动部分均以自然状态画出，所谓自然状态是指各种电器在没有通电和没有外力作用时的状态。

6）原理图上应尽可能减少线条和避免线条交叉。各导线之间有电的联系时，在导线的交点处画一个实心圆点。根据图面布置的需要，可以将图形符号旋转45°、90°或180°绘制。

(2) 图面区域的划分。

为了便于检索电气线路，方便阅读电气原理图，应将图面划分为若干个区域，图区的编号一般写在图的下部。图的上方设有用途栏，用文字注明该栏对应电路或元件的功能，以利于理解原理图各部分的功能及全电路的工作原理。

2. 电气安装图

电气安装图用来表示电气控制系统中各电气元件的实际安装位置和接线情况，包括电器位置图和互连图两部分。

(1) 电器位置图。

电器位置图详细绘制出电气设备零件的安装位置。图中各电气元件的代号应与有关电路图对应的元件代号相同，在图中往往留有 10%以上的备用面积及导线管（槽）的位置，以便变更设计时用。

(2) 电气互连图。

电气互连图是用来表示电气设备各单元之间的连接关系。电气互连图能清楚表明电气设备外部元件的相对位置及相互之间的电气连接，是实际安装接线的依据。

二、三相鼠笼式异步电动机的控制线路

(一) 直接启动的控制线路

三相鼠笼式异步电动机直接启动电流大约是其额定电流的 4~7 倍。在电网变压器容量允许的情况下，较小容量的电动机可直接启动。当电机容量较大时，如采用直接启动会引起电动机端电压降低，从而造成启动困难，并影响电网内其他设备的正常工作。只有满足下列条件时，方可直接启动。

$$\frac{I_{st}}{I_N} \leqslant \frac{3}{4} + \frac{变压器容量(kVA)}{4 \times 电动机容量(kW)} \tag{4-1}$$

式中 I_{st}——电动机的启动电流；

I_N——电动机的额定电流。

1. 点动控制线路

在建筑设备控制中，常常需要电机处于短时重复工作状态，如电梯检修、电动葫芦的控制等，均需按操作者的意图实现灵活控制，能够达到该要求的控制称为"点动控制"。

线路工作情况分析，如图 4-9 所示为最简单的点动控制线路。启动时先合上刀开关 QS，再按下启动按钮 SB 时，接触器 KM 线圈通电，主触头闭合，电动机启动运转。当松开 SB 时，KM 失电释放，电动机自由停车。其中熔断器 FU 起短路保护作用。

2. 单方向连续运行控制线路

(1) 线路的工作情况分析。

如图 4-10 所示为单方向连续运行控制线路。启动时，先合上刀开关 QS，再按下启动按钮 SB1，交流接触器 KM 的线圈通电，其所有触头均动作，主触头闭合后，电动机启动运转。同时其辅助常开触头闭合，形成自锁，该触头称为"自锁触头"。此时松开 SB1，电机仍能继续运转。与 SB1 相并联的自锁触点组成了电气控制线路中的一个基本控制环节——自锁环节。需停车时，按下停止按钮 SB2，KM 线圈失电释放，其主触头及自锁触头均断开，电机脱离电源而停转。

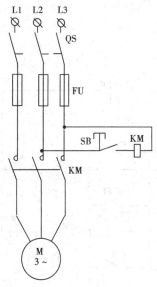
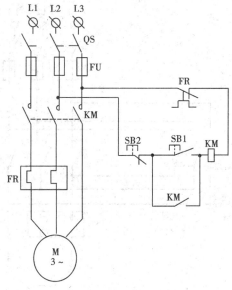

图 4-9　点动控制线路　　　　　　图 4-10　单方向连续运行控制线路

（2）线路的保护。

1）短路保护：电路中用熔断器 FU 做短路保护。当出现短路故障时，熔断器熔丝熔断，将线路与电源切断。在安装时注意应将熔断器靠近电源，即安装在电源开关下边，以扩大保护范围。

2）过载保护：用热继电器 FR 做电动机的长延时过载保护。出现过载时，双金属片受热弯曲而使其常闭触点断开，KM 释放，电机停止。因热继电器不属瞬动电器，故在电机启动时不动作。

3）失（欠）压保护：由自动复位按钮和自锁触头共同完成。当失（欠）压时，KM 释放，电机停止，一旦电压恢复正常，电机不会自行启动，防止发生人身及设备事故。

3.正反转控制线路

在建筑设备工程中需要电机正反转的情况很多，如电梯、桥式起重机等。

线路的工作情况分析。如图 4-11 所示为电动机的正反转控制线路图。启动时，先合上刀开关 QS，将电源引入。以电动机正转为例，按下正向按钮 SB1，正向接触器 KM1 线圈通电，其主触头闭合，使电机正向运转，同时自锁触头闭合形成自锁，可松开按钮 SB1，其常闭即互锁触头断开，切断了反转控制回路，防止了误操作而造成电源短路现象。利用辅助触点互相制约工作状态的方法形成了一个基本控制环节——互锁环节。

电动机反转时，必须先按下停止按钮 SB3，使 KM1 线圈失电释放，然后再按下反向启动按钮 SB2，电机才可反转。

由此可见，电路的工作过程是：正转→停止→反转→停止→正转。由于正反转的变换必须停止后才可进行，所以非生产时间较多，效率较低。为了缩短过渡时间，采用复合式按钮控制，可以直接从正转过渡到反转，反转到正转的变换也可以直接进行。并且电路实现了双互锁，即接触器触头的电气互锁和控制按钮的机械互锁，使线路的可靠性进一步提高。采用复合式按钮的正反转控制线路。如图 4-12 所示，线路的工作情况与图 4-11 相

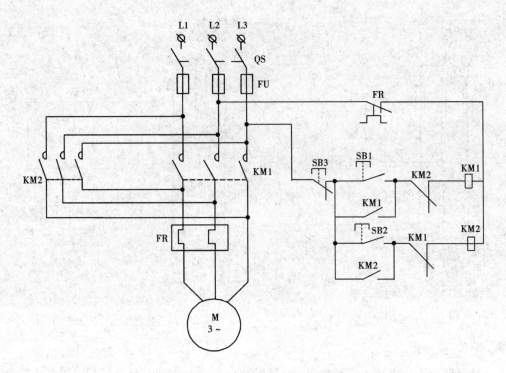

图 4-11　电动机正反转控制线路

似，读者可自行分析。

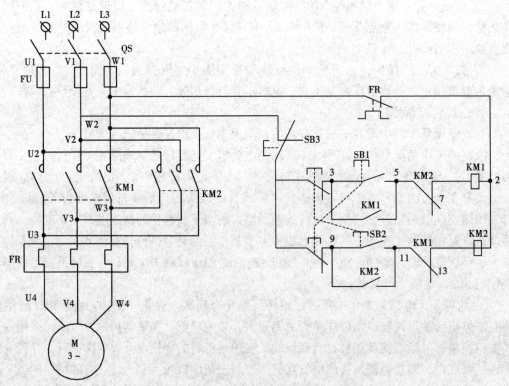

图 4-12　采用复合式按钮的正反转控制线路

4. 连锁控制线路

在生产实际中，有很多设备是由多台电动机拖动，有时需要按一定的顺序控制电动机的启动和停止。如锅炉房的鼓风机和引风机的控制，为了防止倒烟，要求启动时先引风后鼓风，停止时先鼓风后引风。电路中把既有相互联系又有相互制约关系的线路称为连锁控制。

（1）按顺序的连锁控制。

1）电路如图 4-13（a）所示。KM1 通电后，才允许 KM2 通电，应将 KM1 的常开辅助触头串在 KM2 线圈回路。

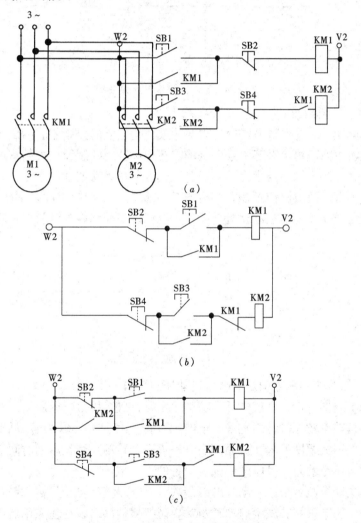

图 4-13　按顺序工作的连锁控制

2）电路如图 4-13（b）所示。KM1 通电后，不允许 KM2 通电，应将 KM1 的常闭辅助触头串在 KM2 线圈回路。

3）电路如图 4-13（c）所示。启动时，KM1 先启动，KM2 后启动，停止时 KM2 先停，KM1 后停。

（2）按时间要求的连锁控制。

按时间要求的连锁控制电路如图 4-14 所示。如果系统要求 KM1 通电后，经过 6s 后 KM2 自动通电。需采用时间继电器 KT 配合实现，利用时间继电器延时闭合的常开触点来实现这种自动转换。

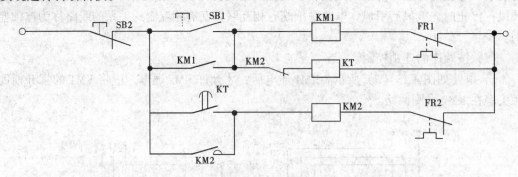

图 4-14　按时间要求的连锁控制

5. 两（多）地控制

在工程实际中，有许多设备需要实现两地或两地以上的控制才能满足要求，如锅炉房的鼓（引）风机、除渣机、循环水泵电机均需在现场就地控制和在控制室远动控制。

两（多）地控制作用主要是为了实现对电气设备的远动控制。

实现原则是采用两组按钮控制，常开按钮并联，常闭按钮串联。如图 4-15 所示为某设备的两地控制线路。远动控制设备是指不与电气设备控制装置组装在一起的设备。

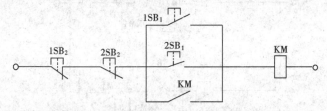

图 4-15　两地控制线路

(二) 三相鼠笼式异步电动机的降压启动控制线路

如在电源变压器容量允许或电动机功率较小时，可采用全电压启动。若电源变压器容量较小或电动机功率较大时，不宜采用全电压启动。由于异步电动机启动电流较大，致使变压器二次侧电压大幅度下降，从而减小电动机启动转矩，延长启动时间，甚至使电动机无法启动，同时还影响同一供电网中其他设备的正常工作。

判断一台电动机能否全压启动，可以用式（4-1）确定，当不满足式（4-1）时，必须采用降压启动。为了限制和减少启动转矩对生产机械的冲击，往往采用启动设备进行降压启动。即启动时利用启动设备降低加在电动机定子绕组上的电压，启动后再将电压恢复到额定值，使之在正常电压下运行。

鼠笼式异步电动机降压启动的方法很多，常用的有电阻降压启动、自耦变压器降压启动、Y—△降压启动等。降压启动的目的是为了限制启动电流，减小供电网因电动机启动所造成的电压降。当电动机转速上升到一定值后，再变换成额定电压，使电动机达到额定转速和输出额定功率。

下面介绍星形——三角形降压启动控制线路。

星形——三角形降压启动，简称星三角（Y—△）降压启动，该方法适用于正常运行时定子绕组接成三角形的鼠笼式异步电动机。电动机定子绕组接成三角形时，每相绕组所承受的电压为电源的线电压（380V）；而作为星形接线时，每相绕组所承受的电压为电源的相电压（220V）。如果在电动机启动过程中，将定子绕组星形连接，待启动结束后再自动改接成三角形连接，便可实现启动时降压的目的。其线路如图4-16所示。

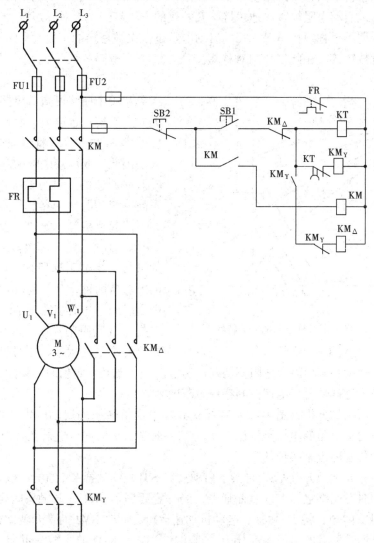

图4-16 采用时间继电器自动控制的 Y—△降压启动控制线路

线路工作情况分析如下：启动时，先合上刀开关 QS，再按下启动按钮 SB1，星接接触器 KM_Y 和时间继电器 KT 的线圈同时通电，KM_Y 的主触头闭合，使电机星接，KM_Y 的辅助常开触头闭合，使启动接触器 KM 线圈通电，于是电动机在 Y 接下降压启动。待启动结束，KT 的触头延时打开，使 KM_Y 失电释放，角接接触器 $KM_△$ 线圈通电，其主触头闭合，将电机接成△形，电机接入全电压稳定运行，同时 $KM_△$ 的常闭触头使 KT 和 KM_Y 的线圈均失电。停车时按下停止按钮 SB2 即可。

三、三相绕线式异步电动机的控制线路

三相绕线式异步电动机的优点是可以通过滑环在转子绕组回路中串接外加电阻或频敏变阻器，以达到减小启动电流，提高转子电路的功率因数和增加启动转矩的目的。为此在要求启动转矩较高的场合，绕线式异步电动机得到了广泛应用。

（一）转子回路串接电阻启动控制线路

串接在三相转子回路中的启动电阻一般接成星形。启动前启动电阻全部接入电路，随着启动的进行，启动电阻被逐段地短接。其短接的方法有三相不对称短接法和三相对称短接法两种。所谓不对称短接是每一相的启动电阻是依次被短接的，而对称短接是三相中的启动电阻同时被短接。在此仅介绍对称短接法。转子串电阻的人为机械特性如图 4-17 所示。

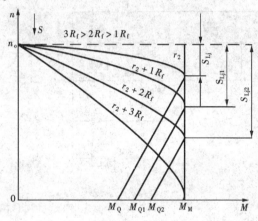

图 4-17　转子串对称电阻的人为特性

从图中曲线可知：串接电阻 R_f 值愈大，启动转矩也愈大，而且 R_f 愈大临界转差率 S_{Lj} 也愈大，特性曲线的斜度也愈大。因此改变串接电阻 R_f 可以作为改变转差率调速的一种方法。对于调速要求不高，拖动电动机容量不大的机械设备，如桥式起重机等，此种方法较适用。

启动时串接全部电阻，随启动过程的进行可将电阻逐段切除。实现其控制的方法有两种，其一是按时间原则控制，即用时间继电器控制电阻自动切除；其二是按电流原则控制，即用电流继电器检测转子电流大小的变化来控制电阻的切除，当电流增大为某值时，电阻不切除；当电流减小到某一定值时，切除一段电阻，使电流重新增大，这样便可将电流控制在一定范围内。

线路工作情况的分析：图 4-18 是绕线式异步电动机转子串启动电阻的控制线路。转子回路中三段启动电阻的短接是依靠 KT1、KT2、KT3 三个时间继电器及 KM1、KM2、KM3 三个接触器的相互配合来实现的。

启动时，先合上刀开关 QS，再按下启动按钮 SB1，接触器 KM 通电，电动机串接全部电阻启动，同时时间继电器 KT1 线圈通电，经一定延时后 KT1 常开触头闭合，使 KM1 通电，KM1 主触头闭合，将 R_1 短接，电动机加速运行，同时 KM1 的常开辅助触头闭合，使 KT2 通电。经延时后 KT2 常开触头闭合，使 KM2 通电，KM2 的主触头闭合，将 R_2 短接，电机继续加速，同时 KM2 的常开辅助触头闭合，使 KT3 通电，经延时后，其常开触头闭合，使 KM3 通电，R_3 被短接。至此，启动电阻全部被短接。另外 KM3 的常闭辅助触头断开将 KT1、KM1、KT2、KM2、KT3 依次切除，而 KM3 的常开辅助触头闭合起到自锁功能，于是电机进入稳定运行状态。

在线路中，KM1、KM2、KM3 的 3 个常闭触头串联的作用是：只有全部电阻接入时电机才能启动，以确保电路可靠运行。

（二）转子回路串频敏变阻器启动控制线路

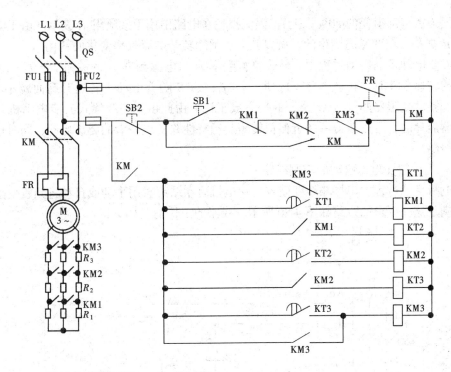

图 4-18　绕线式异步电动机转子串电阻启动控制线路

采用转子串电阻的启动方法，在电动机启动过程中，当逐渐减小电阻值时，电流及转矩会突然增大，则产生不必要的机械冲击。从机械特性上看，启动过程中转矩 M 不是平滑的，而是有突变性的。为了得到较理想的机械特性，避免启动过程中不必要的机械冲击力，可采用转子串频敏变阻器的启动方法。频敏变阻器是一种电抗值随频率变化而变化的电器，它串接于转子电路中，可使电动机有接近恒转矩的平滑无级启动性能，是一种较理想的启动设备。

1. 频敏变阻器

频敏变阻器实质上是一个铁心损耗非常大的三相电抗器。它由数片 E 形钢板叠成，具有铁心和线圈两部分，并制成开启式，星形接法，将其串接在转子回路中，相当于转子绕组接入一个铁损很大的电抗器，接入频敏变阻器的转子等效电路如图 4-19 所示。图中 R_b 为绕组电阻，R 为铁损等效电阻，X 为铁心电抗。

当电动机接通电源启动时，频敏变阻器通过转子电路得到交变电流，产生交变磁通，其电抗为 X。频敏变阻器铁心由较厚钢板制成，在交变磁通作用下，产生较大的涡流损耗（其

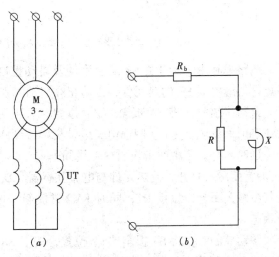

图 4-19　频敏变阻器等效电路及与电动机的连接
（a）频敏变阻器与电动机的连接；（b）等效电路图

中涡流损耗占全部损耗的 80% 以上）。涡流损耗在电路中用等效电阻 R 表示。由于电抗 X 和电阻 R 都是由交变磁通产生的，所以其大小都随转子电流频率变化而变化。

在异步电动机的启动过程中，转子电流频率 f_2 与电源频率 f_1 的关系为：$f_2 = Sf_1$，当电动机的转速为零时，转差率 $S = 1$，即 $f_2 = f_1$；当 S 随着电动机转速升高而减小时，f_2 便下降。频敏变阻器的 X 与 R 及 S 的平方成正比。由此可知，绕线式异步电动机采用频敏变阻器启动时，可以获得一条近似恒转矩启动特性并实现平滑的无级启动，同时也简化了控制线路。

2. 采用频敏变阻器启动的控制线路

在电机启动过程中串接频敏变阻器，待电机启动结束时用手动或自动将频敏变阻器切除，能满足这一要求的线路如图 4-20 所示。线路的工作情况如下：

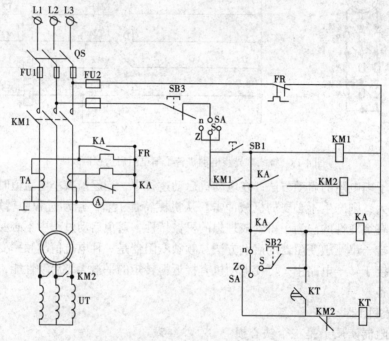

图 4-20　绕线式异步电动机采用频敏变阻器启动线路

线路中利用转换开关 SA 实现手动及自动控制的变换，利用中间继电器 KA 的常闭触头短接热继电器 FR 的热元件，以防止在启动时误动作。

自动控制时，将 SA 扳至"Z"位置，合上刀开关 QS，按下启动按钮 SB1，接触器 KM1 和时间继电器 KT 线圈通电，电动机串接频敏变阻器 UT 启动。待启动结束后，KT 的触头延时闭合，使中间继电器 KA 线圈通电，其常开触头闭合使接触器 KM2 通电，同时 KA 的常闭触头打开，使热元件与电流互感器二次侧串接，以起过载保护作用。KM2 通电后其主触头闭合，短接 UT；同时 KM2 常闭触头断开，KT 线圈失电，电动机进入稳定运行状态。

手动控制时，将 SA 扳至"S"位置，按下 SB1，KM1 通电，电机串接 UT 启动，当电流表 A 读数降到电机额定电流时，按下手动按钮 SB2，使 KA 通电，KM2 通电，UT 被短接，电机进入稳定运行状态。

第三节 水泵电气控制

一、水位控制电路

在建筑的高位水箱给水（或低位水池排水）和供水管网加压等处常用到水泵。水泵的运行常采用水位控制和压力控制等，有单台泵控制方案、两台泵互为备用不直接投入控制方案、两台泵互为备用直接投入控制方案和降压启动控制方案等数种。

（一）水位控制器

水位控制器有干簧管式、水银开关式、电极式等多种类型，常用的是干簧管式水位控制器，其组成部分包括干簧管、永久磁钢浮标和塑料管等。干簧管水位控制器是在密封的玻璃管内固定两片用弹性好、导磁率高、有良好导电性能的玻莫合金制成的干簧接点片，当永久磁钢套在干簧管上时，两个干簧片被磁化相互吸引或排斥，使其干簧接通或断开电路；当永久磁钢离开后，干簧管中的两个簧片利用弹性恢复成原来状态。图 4-21 为干簧管水位控制器安装和接线示意图。其工作原理是：将上、下水位干簧管 SL_2 和 SL_1 固定在塑料管内，塑料管下端密封防水进入，连线在上端接线盒引出；在塑料管外部套入一个能随水位移动的浮标（或浮球），浮标中固定一个永久磁环，当浮标移动到上水位或下水位时，相对应的干簧管接受到磁信号即动作，发出水位电开关信号。在干簧管中采用动合与动断两种形式，因此可组成一动合、一动断，或组成两动合的水位控制器。

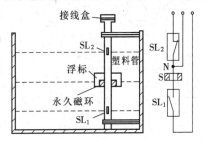

图 4-21 干簧管水位控制器
及安装接线图

（二）两台水泵控制电路

两台泵互为备用直接投入控制电路如图 4-22 所示。水泵将开始运行时，电源开关 QF_1、QF_2、S 均合上。SA 为转换开关，其手柄有三档，共有 8 对触头，可依次排列为 1 至 8，通过转换开关 SA 的手柄转换来改变水泵的运行状态。

电路工作原理如下：

1. 手动转换开关 SA 在"手动"位置

将 SA 手柄置于中间位置，3 和 6 两对触头闭合，水泵为手动操作控制。按下启动按钮 SB_1，由于 SA_3 已闭合，则 KM_1 通电吸合，使 1 号泵投入运行。再按下启动按钮 SB_3，由于 SA 触头 6 已闭合，则 KM_2 通电吸合，2 号泵依次投入运行。按下停止按钮 SB_2（或 SB_4），可分别控制两台泵的停止，此时两台泵不受水位控制器控制。

2. 手动转换开关 SA 在"自动：1 号运行、2 号备用"位置

将 SA 手柄扳向左侧位置，1、4、8 三对触头闭合，水泵为自动操作控制，此时 1 号泵为常开泵，2 号泵为备用泵。如水位处于低水位时，浮标磁环对应于 SL_1 处，此时 SL_1 闭合。水位信号电路中的中间继电器 KA_1 线圈通电，其动合触头闭合，与 SL_1 并联的 KA_1 动合触头起自锁作用，KA_1 另一对动合触头通过 SA 的触点 4 使 KM_1 通电，1 号泵投入运行加压送水。当水位处于高水位时，浮标磁环进入 SL_2，此时 SL_2 动断触头断开使 KA_1 断电，KA_1 动合触头复位切断 KM_1 回路，KM_1 失电释放，1 号水泵停止运行。

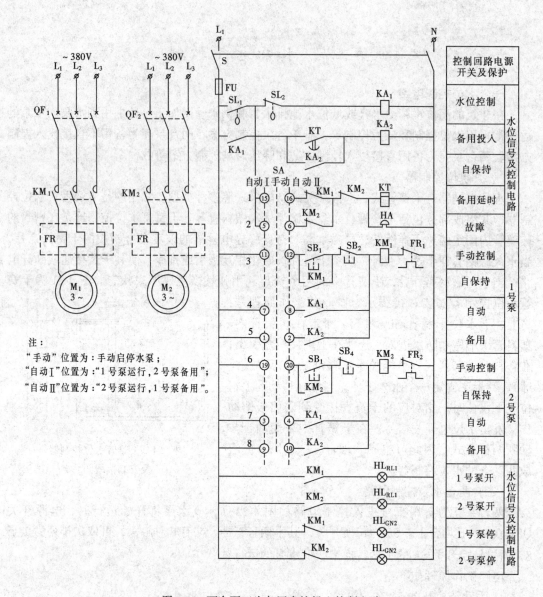

注：
"手动"位置为：手动启停水泵；
"自动Ⅰ"位置为："1号泵运行，2号泵备用"；
"自动Ⅱ"位置为："2号泵运行，1号泵备用"。

图 4-22　两台泵互为备用直接投入控制电路

若 1 号泵在投入运行时发生过载或者交流接触器 KM_1 接受信号不动作，由于 SA 的触点 1 已闭合，故时间继电器 KT 通电，同时警铃 HA 声响报警，接通备用延时和故障回路。KT 延时闭合动合触头（约延时 5~10s）闭合后使中间继电器 KA_2 通电，接通备用泵投入回路。KA_2 动合触点闭合，由于 SA 的触点 8 已闭合，故交流接触器 KM_2 通电，接通 2 号泵回路，使 2 号泵自动投入运行。当 SA_2 通电时其动断触点断开，使 KT 和 HA 均断电。

3．手动转换开关 SA 在"自动：2号运行、1号备用"位置

将 SA 手柄扳向右侧位置，2、5、7 三对触头闭合，水泵为自动操作控制，此时 2 号泵为常用泵，1 号泵为备用泵，其控制原理与上述相同。

二、室内消火栓加压水泵控制电路

高层工业与民用建筑或其他低层建筑的水箱不能满足消火栓水压要求。设置消防加压

水泵的条件是每个消火栓处可设置直接启动消防水泵的按钮，以便迅速启动消防水泵，及时供应火灾现场灭火用水。按钮应设有保护设施，一般放置在消防水带箱内，或放在有玻璃保护的小壁龛内以防止误操作。消防水泵通常都设置两台泵互为备用。

图 4-23 为室内消防给水加压泵控制电路的一种方案，两台泵互为备用可自动投入。

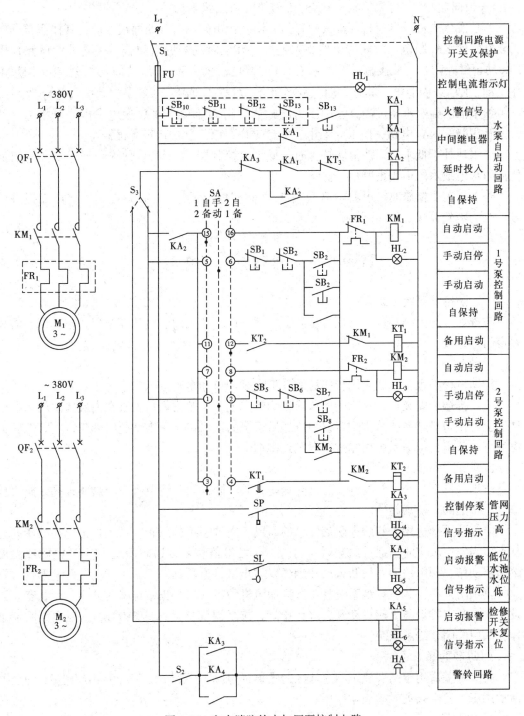

图 4-23　室内消防给水加压泵控制电路

将电源开关 QF_1、QF_2 和控制开关 S_1、S_2 均合上的状态为正常运行状态。图中 S_3 为水泵检修转换开关，不检修时放在运行位置。SB_{10} 至 SBn 为各消火栓箱消防启动按钮，无火灾时被按钮玻璃面板压住。如中间继电器 KA_1 通电，消防水泵不启动。SA 为转换开关，手柄放在中间位置时，为泵房和消防控制室操作启动，不接受消火栓内消防按钮控制指令；SA 扳向左侧，1 号泵为自动状态，2 号泵为备用状态。

一旦发生火灾，迅速打开消火栓箱门，用硬物击碎消防按钮面板玻璃，其按钮常开触头复原，使 KA_1 断电，时间继电器 KT_3 通电，其延时动断触点闭合，接通 KA_2 电路，则 KA_2 动合触点闭合，使接触器 KM_1 吸合，1 号泵电动机启动运行。如 1 号泵过载或 KM_1 卡住不动，KT_1 线圈通电，其延时动合触点闭合，使 KM_2 通电，2 号泵自动投入运行。

如果消防给水水压过高，管网压力继电器触头 SP 闭合，KA_3 通电发出停泵指令，其常闭触头断开 KA_2 电路，使 KA_2 断电，导致工作泵停止并进行声光报警。

当水池处于低水位而使消防缺水时，低水位控制器 SL 闭合，使 KA_4 通电，并发出低位消防水池缺水的声光报警信号。

若水泵需要检修时，可将检修开关 S_3 扳向检修位置侧，KA_5 通电，发出声光报警信号。S_2 为消铃开关。

第四节　防排烟系统电气控制

一、防排烟系统的组成

防排烟系统由排烟口、防烟排烟阀、防烟垂壁、防火门、电动安全门、排烟窗、防火卷帘门等组成。

1. 排烟口

排烟口种类很多，如应用较广泛的有板式排烟口和多叶排烟口。

板式排烟口安装在建筑物的墙壁或排烟管道上，多叶排烟口安装在高层建筑的墙上或顶板上。作为排烟系统的排烟口或加压送风系统的送风口，正常情况时处于常闭状态，火灾发生时开启，根据系统功能进行送风或排烟。

2. 防烟（排烟）防火阀

防烟（排烟）防火阀的种类有：防烟防火阀、防烟防火调节阀、排烟防火阀、防火调节阀、排烟阀、防烟阀等。

防烟防火阀适用于有防火防烟要求的通风、空调系统的风管上，正常情况时处于开启状态。当发生火灾时，通过探测器向消防中心发出信号，接通阀门上 DC24V 电源或温度熔断器动作，阀门关闭，切断火焰和烟气以防止沿管道蔓延。

排烟防火阀安装在排烟系统管道和排烟风机的吸入口，正常情况时处于常闭状态。当发生火灾时，排烟防火阀自动开启进行排烟，排烟温度一旦达到 280℃时，温度熔断器动作，阀门关闭，隔断系统。

3. 防烟垂壁

防烟垂壁适用于高层建筑防火分区的走道（包括地下建筑）和净高不超过 6m 的公共活动用房，发生火灾时起隔烟作用。

4. 防火门

防火门由防火门锁、手动及自动环节组成。防火门锁按门的固定方式可分为两种：一种是防火门被永久磁铁吸住处于开启状态，当发生火灾时通过自动控制或手动关闭防火门。另一种是防火门被电磁锁的固定销扣住处于开启状态，发生火灾时由感烟探测器或联动控制盘发出指令信号，使电磁锁动作，防火门关闭。

5. 电动安全门

电动安全门平时关闭，一旦发生火灾时可通过自动或手动控制将电动安全门打开。

6. 排烟窗

排烟窗安装在高层建筑防烟楼梯间前室、消防电梯前室和二者的合用前室。排烟窗平时关闭，并用排烟锁锁住，当发生火灾时可自动或手动将排烟窗打开。

7. 防火卷帘门

防火卷帘门设置在建筑物中防火分区通道口处，可形成门帘或防火分隔。

防烟、排烟电气控制设备组成如图4-24所示。

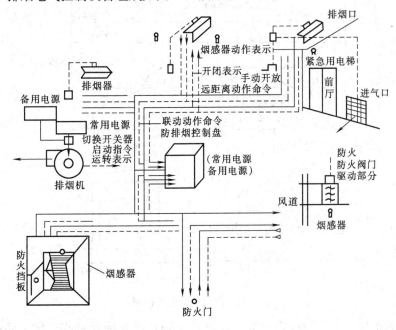

图 4-24　防烟、排烟电气控制设备组成

二、防排烟系统的控制电路

1. 防火卷帘电气控制

防火卷帘电气控制如图4-25所示。

正常情况下卷帘卷起，并且用电锁锁住，当发生火灾时，卷帘门分两步下放：

第一步下放：在火灾初期产生烟雾时，感烟探测器报警至消防中心，其联动信号使触点 1KA 闭合，中间继电器 KA1 线圈通电动作：(1) 信号灯 HL 亮，发出报警信号；(2) 电警笛 HA 响，发出声报警信号；(3) $KA1_{11-12}$ 号触头闭合，给消防中心一个卷帘启动的信号（即 $KA1_{11-12}$ 号触头与消防中心信号灯相连）；(4) 将开关 QS1 的常开触头短接，全部电路通以直流电；(5) 电磁铁 YA 线圈通电，打开锁头，为卷帘门下降作准备；(6) 中间继电器 KA5 线圈通电，将接触器 KM2 线圈接通，KM2 触头动作，门电机反转卷帘下降，

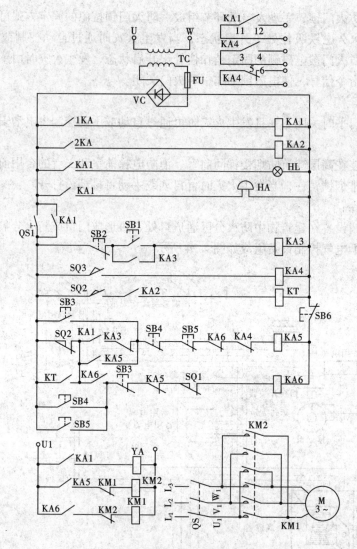

图 4-25　防火卷帘电气控制

当卷帘下降到距地 1.2 ~ 1.8m 定点时，位置开关 SQ2 受碰撞而动作，使 KA5 线圈失电，KM2 线圈失电，门电机停转，卷帘停止下放，其作用是一方面可隔断火灾初期的烟，另一方面有利于灭火和人员逃生。

　　第二步下放：随着火势增大，温度不断上升，消防中心的联动信号接点 2KA 闭合，中间继电器 KA2 线圈通电，其触头动作，使时间继电器 KT 线圈通电，经延时（30s）后其触点闭合，使 KA5 线圈通电，KM2 重新通电，门电机再次反转，卷帘继续下放，当卷帘落地时，碰撞位置开关 SQ3 使其触点动作，中间继电器 KA4 线圈通电，其常闭触点断开，使 KA5 失电释放，则 KM2 线圈失电，门电机停止。同时 KA4$_{3-4}$号、KA4$_{5-6}$号触头将卷帘门完全关闭信号（或称落地信号）反馈给消防中心。

　　卷帘上升控制：当扑灭火以后，按下卷帘卷起按钮 SB4 或现场就地卷起按钮 SB5，均可使中间继电器 KA6 线圈通电，使接触器 KM1 线圈通电，门电机正转，卷帘上升，当上升到顶端时，碰撞位置开关 SQ1 使其动作，则 KA6 失电释放，KM1 失电，门电机停止，上升结束。

开关 QS1 用于手动开门和关门，而按钮 SB6 则用于手动停止卷帘提升和下降。

2. 排烟机及送风机的电气控制

防排烟系统的电气控制应按工艺要求进行设计，通常由消防控制中心、排烟口及就地控制组成。在高层建筑中送风机一般安装在下技术层或 2~3 层，排烟机则安装在顶层或上技术层。

排烟风机控制电路如图 4-26 所示。

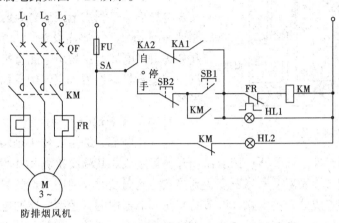

图 4-26　排烟风机控制电路

电气线路工作情况分析如下：

将转换开关 SA 转至"手动"位置，按下启动按钮 SB1，接触器 KM 线圈通电动作，使排烟风机启动运转。

按下停止按钮 SB2，KM 失电，排烟风机停止。其控制作为平时维护巡视用。

将转换开关 SA 转至"自动"位置时，KA1、KA2 均为 DC24V 继电器的接点，其线圈受控于排烟阀和防火阀，即当排烟阀开启后，DC24V 继电器的接点 KA1 动作；当防火阀关阀时，继电器的接点 KA2 动作。

排烟系统的控制。当任一个排烟口的排烟阀开启后，通过连锁接点 KA1 的闭合，即可使 KM 通电，启动排烟风机。当排烟风道内温度超过 280℃时，防火阀自动关闭，其连锁接点 KA2 断开，使排烟机停止。

第五节　空调机组电气控制

一、空调机组主要设备

空调机组按其功能分为制冷、空气处理和电气控制三部分。空调机组安装示意图如图 4-27 所示。

1. 制冷部分

制冷部分是机组的冷源，主要由压缩机、冷凝器、膨胀阀和蒸发器等组成。为了调节室内所需的冷负荷，将蒸发器制冷管路分成两条，利用两个电磁阀分别控制两条管路的接通和断开。电磁阀 YV1 通电时，蒸发器投入 1/3 面积；电磁阀 YV2 通电时，蒸发器投入

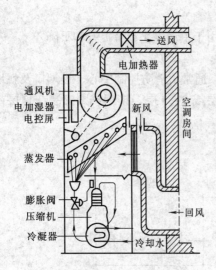

图 4-27　空调机组安装示意图

2/3 面积；YV1 和 YV2 同时通电时，蒸发器全部面积投入制冷。

2. 空气处理设备

空气处理设备的主要任务是将新风和回风经空气过滤器过滤后，处理成所需要的温度和相对湿度，以满足房间的空调要求。主要由新风采集口、回风口、空气过滤器、电加热器和通风机等组成。其中电加热器是利用电流通过电阻丝会产生热量的原理而制成的空气加热设备，安装在通风管道中，共分 3 组。电加湿器是用电能直接加热水而产生蒸汽，用短管将蒸汽喷入空气中，而改变空气湿度的设备。

3. 电气控制部分

电气控制部分的主要作用是实现恒温恒湿的自动调节。由检测元件、调节器、接触器和开关等组成。其温度检测元件为电接点水银温度计，可以调节接点检测温度，当温度达到接点检测温度时，利用水银的导电性能将接点接通，通过晶体管组成的开关电路（调节器）使调节器中的灵敏继电器通电或断电而发出信号。其相对湿度检测元件同样是电接点水银温度计，不同的是在其下部包有吸水棉纱，利用空气干燥使水分蒸发而带走热量的原理工作，调节两个温度计保持一定的温差就可维持一定的相对湿度。检测温度的称干球温度计，检测湿度的称湿球温度计。湿球温度计的整定值低于干球温度计的整定值。

二、空调机组的控制电路

空调机组控制电路如图 4-28 所示。

由图可知空调机组电气控制电路可分为主电路、控制电路和信号灯与电磁阀控制电路 3 部分。当空调机组需要投入运行时，合上电源总开关 QS，所有接触器的上接线端子、控制电路 U、V 两相电源和控制变压器 TC 均有电。

机组的冷源是由制冷压缩机供给，压缩机电动机 M2 的启动由开关 S2 控制，其制冷量是利用控制电磁阀 YV1、YV2 调节蒸发器的制冷投入面积来实现，并由转换开关 SA 控制其投入量。

机组的热源由电加热器供给。电加热器分为 3 组，分别由开关 S3、S4 和 S5 控制，每个开关各有"手动"、"停止"和"自动" 3 个位置，当扳到"自动"位置时，可以实现自动调节。

当合上开关 S1 时，接触器 KM1 通电吸合，其主触点闭合，使通风机电动机 M1 启动运行；辅助触点 $KM1_{,2}$ 闭合，指示灯 HL1 亮；$KM1_{3,4}$ 闭合，为温度调节做好准备，此触点称为连锁保护触点。要求通风机在启动前，电加热器、电加湿器等都不能投入运行，起到安全保护作用，避免发生事故。

1. 夏季运行的温、湿度调节

夏季运行需降温和减湿，压缩机电动机需投入运行，电磁阀 YV1 和 YV2 是否全部投入应根据室内温度而定。设开关 SA 扳在 Ⅱ 档，电磁阀 YV1、YV2 全部投入，而 YV2 是否

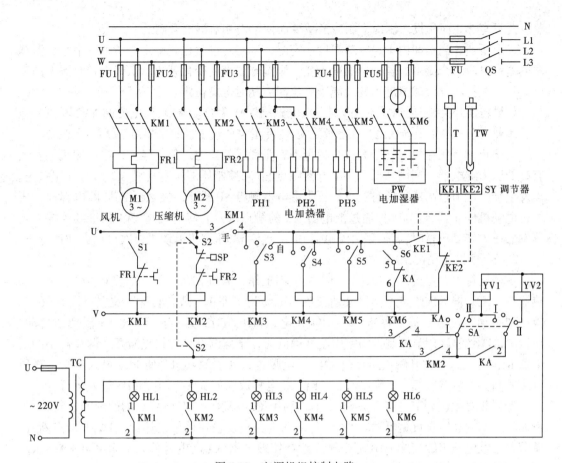

图 4-28 空调机组控制电路

投入受自动调节环节控制。电加热器可有一组（如 PH3）投入运行，作为精加热（此法称为冷加热法）用于恒温，此时应将 S3、S4 扳至"停止"档，S5 扳至"自动"档。

当合上开关 S2 时，接触器 KM2 通电吸合，其主触点闭合，制冷压缩机电动机 M2 启动运行；其辅助触点 $KM2_{1,2}$ 闭合，指示灯 HL2 亮；$KM2_{3,4}$ 闭合，电磁阀 YV1 通电打开，蒸发器有 2/3 面积投入制冷。由于刚开机时，室内温度较高，检测元件干球温度计 T 和湿球温度计 TW 的电接点都是接通的，与其相联的调节器中的灵敏继电器 KE1 和 KE2 线圈都为通电状态，KE2 的常闭触点使继电器 KA 通电吸合，其触点 $KA_{1,2}$ 闭合，使电磁阀 YV2 通电打开，蒸发器全部面积投入制冷，空调机组向室内送入冷风，使室内空气冷却降温或减湿。

当室内温度或相对湿度下降到 T 和 TW 的整定值以下时，其电接点断开而使调节器中的继电器 KE1 或 KE2 线圈通电吸合，利用其触点动作可进行自动调节。例如：室温下降到 T 的整定值以下，检测元件干球温度计 T 电接点断开，调节器中的继电器 KE1 通电吸合，其常开触点闭合使接触器 KM5 通电吸合，其主触点使电加热器 PH3 通电，对风道中被降温和减湿后的冷风进行精加热，其温度相对提高。

如室内温度一定，而相对湿度低于 T 和 TW 整定的温度差时，湿球温度计 TW 上的水分蒸发快而带走热量，使 TW 电接点断开，调节器中的继电器 KE2 线圈通电吸合，其常闭触点 KE2 断开，使继电器 KA 断电，其常开触点 $KA_{1,2}$ 恢复，电磁阀 YV2 断电而关闭阀门。

蒸发器只有2/3面积投入制冷，制冷量减少而使室内相对湿度升高。

综上所述，当房间内干、湿球温度一定时，其相对湿度也就确定了。每一个干、湿球温度差就对应一个湿度。若干球温度不变，则湿球温度的变化就表示房间内相对湿度的变化，只要能控制住湿球温度不变就能维持房间内相对湿度恒定。

如果转换开关SA扳到"Ⅰ"位置，则只有电磁阀YV1为自动调节，而电磁阀YV2不投入运行。此种状态一般用于春夏之交或夏秋之交，制冷量需要较小时的季节，其原理与上相同。

为防止制冷压缩机吸气压力过高运行不安全和吸气压力过低不经济，在压缩机上安装有高低压力继电器，利用高低压力继电器触点SP来控制压缩机电动机M2的运行和停止。当发生吸气压力过高或过低时，高低压力继电器触点SP断开，接触器KM2断电释放，压缩机电动机停止运行。此时，通过继电器KA的触点$KA_{3,4}$，使电磁阀YV1仍继续受控。当蒸发器压力恢复正常时，高低压力继电器SP触点恢复，压缩机电动机再次自动启动运行。

2.冬季运行的温、湿度调节

冬季运行主要是升温和加湿，制冷机组不工作，需将S2断开，SA扳至"停"位。加热器有3组，根据加热量不同可分别选在"手动"、"停止"或"自动"位置。设S3和S4扳在"手动"位置，接触器KM3、KM4通电，PH1、PH2投入运行。将S5扳到"自动"位置，PH3受温度调节控制。当室内温度偏低时，干球温度计T接点断开，调节器中的继电器KE1通电，其常开触点闭合使KM5通电吸合，其主触点闭合使PH3投入运行，送风温度升高。如室温较高，T接点闭合，KE1断电释放而使KM5断电，PH3进入运行。

室内相对湿度调节是将开关S6合上，利用湿球温度计TW电接点的通断而进行控制。例如：当室内相对湿度偏低时，TW温包上的水分蒸发较快而带走热量，TW电接点断开，调节器中继电器KE2通电，其常闭触点断开使继电器KA断电释放，常闭触点$KA_{5,6}$恢复而使接触器KM6通电吸合；其主触点闭合，使电加湿器PW通电，加热水而产生蒸汽对送风进行加湿。当相对湿度较高时，TW和T的温差小，TW接点闭合，KE2释放，继电器KA通电，其触点$KA_{5,6}$断开使KM6断电而停止加湿。保持干球温度计T和湿球温度计TW的温差就可维持室内相对湿度不变。

该机组的恒温恒湿调节属于位式调节，只能在制冷压缩机和电加热器的额定负荷以下才能保证温度和湿度的调节。

第六节 锅炉电气控制

锅炉是工业生产或生活采暖的供热源。锅炉房设备包括锅炉本体和其辅助设备，根据使用的燃料不同，可分为燃煤锅炉、燃油锅炉、燃气锅炉等。锅炉的生产任务是根据负荷设备的要求，生产具有一定参数（压力和温度）的蒸汽或热水。为了满足负荷设备的要求，并保证锅炉的安全和经济运行，中小型锅炉常采用仪表进行配合控制。

SHL10锅炉电气控制电路图如图4-29、4-30所示。

一、锅炉电气控制的特点

1.动力电路电气控制的特点

动力控制系统中，水泵电动机功率为45kW，引风机电动机功率为45kW，一次风机电动机功率为30kW，因功率均较大，需设置降压启动设备。相对而言3台电动机不需要同

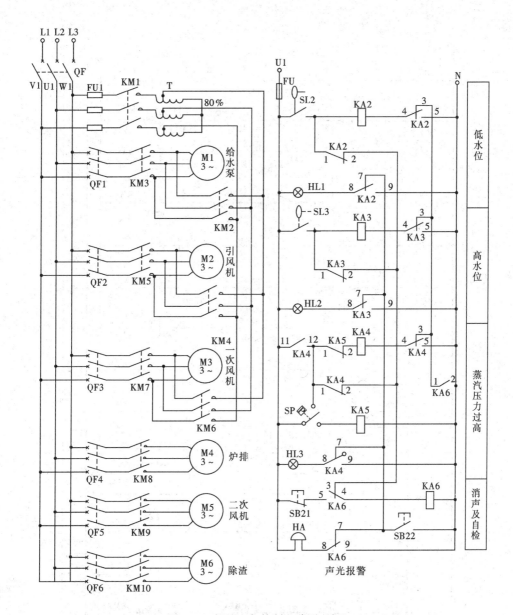

图 4-29　锅炉电气控制电路图（一）

时启动，故只选用 1 台自耦变压器作为降压启动设备。为了避免 3 台或 2 台电动机同时启动，系统设置了启动互锁环节。

锅炉点火时，一次风机、炉排电机、二次风机必须在引风机启动数秒后才能启动；停炉时，一次风机、炉排电机、二次风机停止数秒后，引风机才能停止。控制电路采用了按顺序规律实现控制的环节，并在锅炉汽包水位不低于极限水位时才能实现顺序控制。

2. 自动调节特点

锅炉汽包水位调节是双冲量给水调节，系统以汽包水位信号作为主调节信号，以蒸汽流量作为前馈信号，通过调节仪表自动调节给水管路中电动阀门的开度，实现汽包水位的连续调节。

过热蒸汽的温度调节是通过调节仪表自动调节减温水电动阀门的开度，调节减温水流

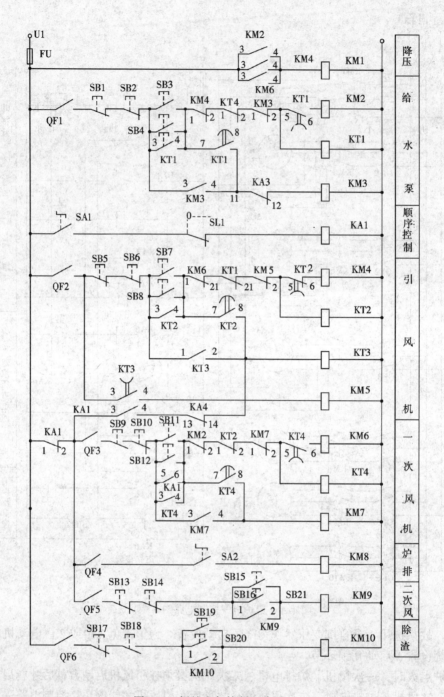

图 4-30　锅炉电气控制电路图（二）

量来控制过热汽出口的蒸汽温度。

二、控制电路分析

　　锅炉运行前要进行仔细检查，一切正常后，将各电源自动开关 QF、QF1 至 QF6 合上（图 4-29），其主触头和辅助触头均闭合，为主电路和控制电路通电做好准备。

　　1. 给水泵的控制

需要给锅炉汽包上水时，按 SB3 或 SB4 按钮（图 4-30），接触器 KM2 通电吸合，其主触点闭合，接通给水泵电动机 M1 降压启动电路，为启动做准备；辅助触点 $KM2_{1,2}$ 断开，切断 KM6 通路，实现对一次风机不允许同时启动的互锁；$KM2_{3,4}$ 闭合，使接触器 KM1 通电吸合，其主触点闭合，接通给水泵电动机 M1 自耦变压器及电源，实现降压启动。

同时，时间继电器 KT1 线圈通电吸合，其触点 $KT1_{1,2}$ 瞬时断开，切断 KM4 通路，实现对引风机电动机不许同时启动的互锁；$KT1_{3,4}$ 瞬时闭合，实现启动时自锁；当 KT15、6 延时断开时，使 KM2 断电，KM1 也断电，其触点均复位，电动机 M1 及自耦变压器均切断电源；$KT1_{7,8}$ 延时闭合使接触器 KM3 通电吸合，其主触点闭合，使电动机 M1 接上全压电源稳定运行；$KM3_{1,2}$ 断开，KT1 断电，触点复位；$KM3_{3,4}$ 闭合，实现运行时自锁。当水位达到高水位时，通过水位控制器中高水位触点 SL3 使报警电路中的 KA3 通电，$KA3_{11,12}$ 触点断开，实现高水位停泵。KA3 的控制在报警电路中分析。锅炉运行中的水位调节靠双冲量给水调节系统调节电动阀实现连续调节。

2. 引风机的控制

锅炉运行时，需先启动引风机，按 SB7 或 SB8，接触器 KM4 通电吸合，其主触点闭合，使引风机电动机 M2 接通降压启动电路，为启动做准备；辅助触点 $KM4_{1,2}$ 断开，切断 KM2 通路，实现对水泵电动机不允许同时启动的互锁；$KM4_{3,4}$ 闭合，使接触器 KM1 通电吸合，其主触点闭合，引风机电动机 M2 接通自耦变压器及电源实现降压启动。

同时，时间继电器 KT2 通电吸合，其触点 $KT2_{1,2}$ 瞬时断开，切断 KM6 通路，实现对一次风机不许同时启动的互锁；$KT2_{3,4}$ 瞬时闭合，实现自锁；当 $KT2_{5,6}$ 延时断开时，接触器 KM4、KM1 均断电，其触头均复位，电动机 M2 切除自耦变压器及电源；$KT2_{7,8}$ 延时闭合使时间继电器 KT3 通电吸合，其触点 $KT3_{1,2}$ 瞬时闭合自锁；$KT3_{3,4}$ 瞬时闭合，接触器 KM5 通电吸合，其主触点闭合使电动机 M2 接全电压电源运行；辅助触点 $KM5_{1,2}$ 断开，使 KT2 断电复位。

3. 一次风机的控制

系统按顺序控制时，需合上转换开关 SA1，只要汽包水位高于极限低水位时，水位控制器中的极限低水位触点 SL1 闭合，中间继电器 KA1 通电吸合，其触点 $KA1_{1,2}$ 断开，使一次风机电动机、炉排电动机、二次风机电动机必须按引风机电动机先后运行的顺序实现控制；$KA1_{3,4}$ 闭合，为顺序启动做准备；$KA1_{5,6}$ 闭合，使引风机电动机启动结束后能自行启动一次风机。

中间继电器 KA4 的触点 $KA4_{13,14}$ 的作用是：当锅炉出现过高压力时，自动停止一次风机电动机、炉排电动机和二次风机电动机的连锁触点，锅炉压力正常时或低时不动作，其原理在声、光报警电路中分析。

当引风机电动机 M2 启动结束时，时间继电器 KT3 通电吸合后，$KT3_{1,2}$ 闭合，只要 $KA4_{13,14}$ 是闭合的，$KA1_{3,4}$ 闭合，$KA1_{5,6}$ 闭合，接触器 KM6 将自动通电吸合，其主触点闭合，使一次风机电动机 M3 接通降压启动电路，为启动做准备；辅助触点 $KM6_{1,2}$ 断开，实现对引风机电动机不许同时启动的互锁；$KM6_{3,4}$ 闭合，接触器 KM1 通电吸合；其主触点闭合使 M3 接通自耦变压器及电源，一次风机电动机 M3 实现降压启动。

同时，时间继电器 KT4 也通电吸合，其触点 $KT4_{1,2}$ 瞬时断开，实现对水泵电动机不许同时启动的互锁；$KT4_{3,4}$ 瞬时闭合自锁；当 $KT4_{5,6}$ 延时断开时，接触器 KM6、KM1 相继断电，其触点恢复，电动机 M3 切除自耦变压器及电源；KT4$_{7.8}$延时闭合，接触器 KM7 通电吸合，其主触点闭合，电动机 M3 接全电压运行；辅助触点 KM7$_{1.2}$断开，KT4 断电，触点复位；KM7$_{3.4}$闭合，实现自锁。

4. 其他电机的控制

引风机启动结束后，可启动炉排电动机 M4 和二次风机电动机 M5。炉排电动机功率为 1.1kW、二次风机电动机功率为 7.5kW，均可直接启动。除渣电动机功率为 1.1kW，不受顺序规律控制，可直接启动。

5. 锅炉停止运行的控制

锅炉停炉有三种情况：暂时停炉、正常停炉和事故停炉。暂时停炉为负荷暂时停止用汽时，炉排用压火的方式停止运行，同时停止送风机和引风机等，重新运行时可免去生火的准备工作；正常停炉为负荷停止用汽及检修时有计划的停炉，需熄火和放水；事故停炉为锅炉运行中发生故障，如不立即停炉就有扩大事故的可能，需停止供煤、送风，减少引风等而进行检修。

正常停炉和暂时停炉的控制：按下 SB5 或 SB6 按钮（图 4-30），时间继电器 KT3 断电，其触点 KT3$_{1.2}$瞬时复位，使接触器 KM7、KM8 和 KM9 线圈断电，其触点均复位，一次风机电动机 M3、炉排电动机 M4、二次风机电动机 M5 都断电停止运行；KT3$_{3.4}$延时复位，接触器 KM5 断电，其主触点复位，引风机电动机 M2 断电停止。从而实现了停炉时应使一次风机、炉排电机、二次风机先停数秒后，再停引风机的顺序控制要求。

6. 声光报警及保护

系统设有汽包水位的低水位报警和高水位报警及保护；蒸汽压力超高压报警及保护等环节。见图 4-29 中声光报警电路，其中 KA2 至 KA6 均为小型中间继电器。

（1）水位报警。

汽包水位的检测应用水位控制器，该水位控制器可安装 3 个干簧管，有"极限低水位"触点 SL1、"低水位"触点 SL2、"高水位"触点 SL3，当汽包水位正常时，水位在"低水位"与"高水位"之间，SL1 为常闭触点，SL2、SL3 为常开触点。

当汽包水位在"低水位时"，低水位触点 SL2 闭合，继电器 KA6 通电吸合；其主触点 KA6$_{4.5}$闭合并自锁；KA6$_{8.9}$闭合，蜂鸣器 HA 响，进行声报警；KA6$_{1.2}$闭合使 KA2 通电吸合，其触点 KA2$_{4.5}$闭合自锁；KA2$_{8.9}$闭合，指示灯 HL1 亮，进行光报警；同时 KA2$_{1.2}$断开，为消声做准备。当值班人员听到声响后，观察指示灯，判断发生低水位时，可按 SB21 按钮，使 KA6 断电，其触点 KA6$_{8.9}$复位，HA 断电不再响，实现消声。然后排除故障，水位上升后 SL2 复位，KA2 断电，HL1 也断电熄灭。

如汽包水位下降到"极限低水位"时，触点 SL1 断开，控制电路中按顺序控制的继电器 KA1 断电，一次风机电动机 M3、二次风机电动机 M5 均断电停止运行。

当汽包水位达到"高水位"时，触点 SL3 闭合，KA6 通电吸合，其触点 KA6$_{4.5}$闭合自锁，KA6$_{8.9}$闭合，HA 响，声报警；KA6$_{1.2}$闭合使 KA3 通电吸合，其触点 KA3$_{4.5}$闭合自锁；KA3$_{8.9}$闭合使指示灯 HL2 亮，光报警；同时 KA3$_{1.2}$断开，准备消声；KA3$_{11.12}$断开（在水泵控制电路上）可使正在工作的接触器 KM3 断电，其触点复位，给水泵电动机 M1 断电停止运行。消声方法与前相同。

（2）超高压报警及保护。

当蒸汽压力超过设计整定值时，其蒸汽压力表中的压力开关 SP 高压端接通，使继电器 KA6 通电吸合，其触点 $KA6_{4\text{、}5}$ 闭合自锁；$KA6_{8\text{、}9}$ 闭合，HA 响，声报警；$KA6_{1\text{、}2}$ 闭合使 KA4 通电吸合；其触点 $KA4_{11\text{、}12}$、$KA4_{4\text{、}5}$ 均闭合自锁；$KA4_{8\text{、}9}$ 闭合使 HL3 亮，光报警；$KA4_{13\text{、}14}$（控制电路）断开，使一次风机电动机 M3、二次风机电动机 M5 和炉排电动机 M4 均断电而停止运行。

经值班人员处理后，蒸汽压力下降到蒸汽压力表中的压力开关 SP 低压端接通时，继电器 KA5 通电吸合，其触点 $KA5_{1\text{、}2}$ 断开，使 KA4 断电，KA4 触点复位，一次风机电动机 M3 和炉排电动机 M4 将自动启动，二次风机电动机 M5 需人工操作重新启动。

按钮 SB22 为自检按钮，自检的目的是检查声、光器件是否正常。自检时，HA 及各光器件均应有反应。

（3）其他保护。

各台电动机的电源开关和总开关都用自动开关，自动开关一般设有过载保护和过电流保护自动跳闸功能，总开关还可增设失压保护功能。

锅炉在正常运行时，锅炉房还需要其他设备，如水处理设备、运渣设备、运煤设备、燃料粉碎设备等，各设备如使用电动机，其控制电路一般较简单。

仪表自动调节环节因需要大量的仪表知识，限于篇幅，此处不再进行分析，可参看有关资料。

思 考 题 与 习 题

1. 简述三相异步电动机的基本结构。
2. 三相异步电动机的选择应从哪几方面考虑。
3. 指出图 4-9 点动控制线路与图 4-10 单向连续运行控制线路在连接上的区别，以及各自在生产实际中的应用。
4. 分析图 4-11 电动机正反转控制线路的反转工作原理，电路中的元件可实现几种保护，举例说明该电路在建筑设备中的应用。
5. 指出图 4-16（采用时间继电器自动控制的 Y – △降压启动控制线路）中所用的元件及各自的作用。
6. 分析图 4-22（两台泵互为备用直接投入控制电路）如何通过转换开关 SA 的手柄来改变水泵的运行状态。
7. 分析图 4-23（室内消防给水加压泵控制电路）当发生火灾时，电路如何工作。
8. 简述防排烟系统的组成。
9. 分析图 4-28（空调机组控制电路）冬季运行时的温、湿度调节。
10. 分析图 4-29（锅炉电气控制电路图）锅炉运行时，引风机的控制过程。

实验一　三相异步电动机单方向运转控制

一、实验目的
（1）掌握三相异步电动机利用交流接触器实现单相运转、连续及点动的控制线路。
（2）熟悉该实验线路所用各主要电器设备的结构、工作原理、使用方法。
（3）研究控制线路经常出现的故障，学习及总结分析排除故障的方法。

二、实验线路及主要设备
1. 实验线路：（见图 4-10）
2. 主要设备：

（1）三相交流电源　　　　　380V
（2）三相异步电动机　　　　Y132S-8　2.2kW　　　　一台
（3）交流接触器　　　　　　YLK16　　　　　　　　一只
（4）按钮　　　　　　　　　　　　　　　　　　　　两只
（5）热继电器　　　　　　　　　　　　　　　　　　一只
3. 电工工具及导线

三、实验步骤

1. 检查接触器、按钮的各触点通断状态是否良好。

2. 在断电情况下检查接线，并经指导教师检查后，方可进行操作。

四、报告内容

1. 在电动机旋转时控制电路是怎样实现自锁的？

2. 若自锁控制接线错误，会出现哪些现象？

3. 对实验中出现的问题进行分析和讨论。

实验二　三相异步电动机正反转控制

一、实验目的

1. 学习异步电动机采用交流接触器正反转控制线路的接线方法并进行操作。

2. 明确正反转控制线路中互锁的必要性。

3. 了解复合按钮的连接方法及其所起的作用。

二、实验线路及设备

1. 实验线路（见图 4-11）

2. 主要设备

三相刀开关		一个
三相异步电动机	Y132S-8　2.2kW	一台
交流接触器	YLK16	二只
复合按钮		三只
热继电器		一只

三、实验步骤

1. 检查接触器、按钮各触点通断状态是否良好。

2. 在断电情况下检查接线，并经指导教师检查后，方可进行操作。

（1）按下正转启动按钮 SB1，观察电动机转向并设此方向为正转。

（2）按下停止按钮 SB3，电动机应停转。

（3）按下反转按钮 SB2，观察电动机转向应反转。

四、注意事项

接线或检查线路时，一定要注意先断开三相刀闸开关。

五、问题讨论

1. 异步电动机正反转控制线路中，能否将两个互锁用的常用触头 KM1 和 KM2 去掉？

2. 正反转变换能否直接进行？为什么？

第五章　安全用电与建筑防雷

随着人民生活水平的不断提高，家用电器的普及率越来越高，特别是现代化高层建筑及智能化大厦的出现使建筑物内用电设备迅猛增加，尤其是给排水、空调、消防及综合布线的控制系统都十分复杂。因而，安全用电非常重要。

第一节　安　全　用　电

一、触电形式和对人体的危害

1. 触电事故的发生及触电的概念

由于配电线路施工质量不好或由于绝缘损坏，使电机、电器或线路发生漏电，当人们触及到带电的金属外壳时，电流就会流过人体，从而发生触电事故。另外，工作人员如果不遵守操作规程，使身体和正常带电部分接触，且有电流通过人体，也会造成触电事故。

综上所述，触电是指人体接触到带电体且有电流通过人体时所产生的电击事故。

2. 电流对人体的作用

电流通过人体内部使肌肉产生突然收缩效应，不仅使触电者无法摆脱带电体，而且还会造成机械性损伤。更为严重的是，流过人体的电流还会产生热效应和化学效应，从而引起一系列急骤、严重的病理变化。热效应可使肌体组织烧伤，特别是高压触电，会使身体燃烧。电流对心跳、呼吸的影响重大，几十毫安的电流通过呼吸中枢可使呼吸停止。直接流过心脏的电流只需达到几十微安，就可使心脏形成心室纤维性颤动而死。触电对人体损伤的程度与电流的大小、种类、电压、接触部位、持续时间及人体的健康状况等均有密切关系。

电流对人体的作用见表 5-1。

3. 安全电压

人体触及带电体时所承受的电压称为接触电压。安全电压是指对人体不产生严重反应的接触电压。

安全电压等于通过人体的安全电流（mA）与人体电阻（kΩ）的乘积。

电流对人体的作用　　　　　　　　　　　　　　　　　　表 5-1

电流（mA）	作 用 的 特 征	
	50~60Hz 交流电（有效值）	直 流 电
0.6~1.5	开始有感觉，手轻微颤抖	没有感觉
2~3	手指强烈颤抖	没有感觉
5~7	手指痉挛	感觉痒和热
8~10	手已较难摆脱带电体、手指尖至手腕均感剧痛	热感觉较强，上肢肌肉收缩

电流（mA）	作 用 的 特 征	
	50～60Hz交流电（有效值）	直 流 电
50～80	呼吸麻痹，心室开始颤动	强烈的灼热感。上肢肌肉强烈收缩痉挛，呼吸困难
90～100	呼吸麻痹，持续时间 3s 以上则心脏麻痹，心室颤动	呼吸麻痹
300 以上	持续 0.1s 以上时可致心跳、呼吸停止，机体组织可因电流的热效应而致破坏	

触电的危害性与通过人体电流大小、频率和电击时间有关。一般来讲，在工频 50Hz 下，人体可以忍受的电流极值是 30mA 左右。交流电压在 50V 及以上，50～100mA 的交流电流就有可能使人猝然死亡。流过人体的电流大小与触电的电压及人体的自身电阻有关。通过大量测试数据可知，人体的平均电阻在 1000Ω 以上。根据这个平均数据，国际电工委员会规定了长期保持接触的电压最大值，对于 15～100Hz 的交流电，在正常环境下其电压为 50V。根据工作场所和环境条件的不同，我国规定安全电压的标准有 42、36、24、12 和 6（V）等规格。一般用 36V，在潮湿的环境下选用 24V；在特别潮湿的环境下，应选用 12V 的电压。

4．触电形式和对人体的危害

（1）单相触电。

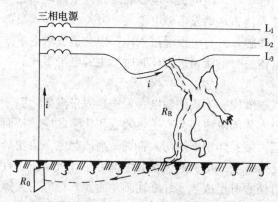

图 5-1 单相触电

在三相四线制低压供电系统中，电源变压器低压侧的中性点一般都有良好的工作接地，接地电阻 R_0 小于或等于 4Ω。因此，人站在地上，只要触及三相电源中的任一相导线，就会造成单相触电，如图 5-1 所示。人体处于电源的相电压下，通过人体的电流为：

$$I = \frac{U_P}{R_0 + R_R} = \frac{220}{4 + 1000} = 0.22A$$

式中　U_P——电源相电压；

　　　R_R——人体电阻；

　　　R_0——三相电源中性点接地电阻。

在图 5-1 中，如果人穿着绝缘性能良好的鞋子或站在绝缘良好的地板上，则回路电阻增大，电流减小，危险性会相应减小。

电机等电气设备的外壳或电子设备的外壳，在正常情况下是不带电的。如果电机绕组的绝缘损坏，外壳则会带电。因此当人体触及带电的外壳时，相当于单相触电，故电气设备的外壳应采用接地等保护措施。

（2）两相触电。

图 5-2 是两相触电。虽然人体与地
有良好的绝缘，但人体同时和两根相线
接触，人体处于电源线电压下，并且电
流大部分通过心脏，故其后果十分严
重。

(3) 接触电压。

如果人体同时接触具有不同的电位
两处，则人体内就有触电电流流过，加
在人体两点间的电压叫做接触电压。如
图 5-3 所示，若电气设备因绝缘损坏而
发生碰壳短路时，短路电流 I_d 流经电气
设备的接地极，在接地极处产生的对地
电压 $U_D = I_D \cdot R'_0$ (R'_0 为接地极电阻)。其
电位分布如图中曲线所示，在距接地极

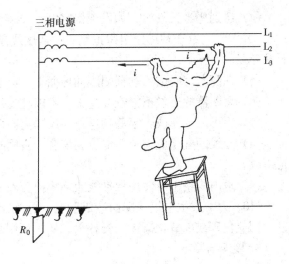

图 5-2　两相触电

20m 以外的地方，电位已接近于零。人体甲承受的接触电压为 $U_c = U_D - U_v$，U_c 为接触电
压；U_D 为对地电压；U_V 为对地电位。接触电压大于 50V 时对人体有危险。

(4) 跨步电压。

在图 5-3 中，人乙或人丙在接地装置附近行走时，由于两脚所在地面的电位不同，则
人体两脚之间便承受了电压，该电压叫做跨步电压。跨步电压与跨步大小有关，人的跨步

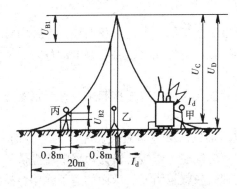

图 5-3　对地电压、接触电压和
跨步电压的示意图

一般按 0.8m 考虑，大牲畜跨步一般按 1 ~ 1.4m
考虑。跨步电压还与人所处的位置有关，如人乙
的跨步电压为 U_{B1}，人丙的跨步电压为 U_{B2}，显
然 $U_{B1} > U_{B2}$。当人站在距接地极 20m 以外的地
方，跨步电压等于零。可见，人越靠近接地极，
承受的跨步电压越大，危险性就越大。

二、安全用电

1. 触电的预防

建筑工地上的起重机械、水泥搅拌机、施工
现场临时用电等，都应做好触电预防工作。为了
安全生产，施工人员必须了解安全用电知识，遵
守操作规程，应对电气设备定期检查和维护，派专人管理。同时采取必要的防护措施，防
止发生因触电造成人身伤亡的事故。

2. 防止触电的措施

(1) 在所有通电的电气设备上，外壳无绝缘隔离措施时，或者在绝缘已经损坏的情况
下，人体不能直接与通电设备接触，但可以用装有绝缘柄的工具去带电操作。

(2) 各种运行的电气设备，如电动机，启动器和变压器等的金属外壳，都必须采取接
地或接零保护措施。必要时应装设漏电保护装置。

(3) 应经常对电气设备进行检查，发现温升过高或绝缘性能降低时，应及时查明原
因，清除故障。

（4）遇到恶劣天气时，如发现架空电力线断落在地面上，人员要远离电线落地点 8～10m，并派专人看守和迅速组织抢修。如低压线断落地面上，应及时进行检修，防止人体触及导线。

（5）在配电房间或启动器周围的地面上，应加铺一层干燥的木板或橡胶绝缘垫板。

（6）熔断器的熔丝不能选配过大，不能随意用其他金属导线代替。

（7）不可用木棒或竹竿等物操作高压隔离开关或跌落式熔断器。

（8）导线的截面应与负荷电流相配合，否则导线会因过热而烧坏绝缘，发生火灾和其他事故。

（9）室内线路不可使用裸导线或绝缘护套破损的导线来敷设线路。

（10）万一发生电气故障而造成漏电、短路，引起燃烧时，应立即断开电源，并用黄砂、四氯化碳或二氧化碳灭火器扑灭，切不可用水或酸碱泡沫灭火机灭火。

3. 接地与接零

（1）工作接地。

为了保证电气设备能够可靠工作，在电力系统的某一点进行接地，称为工作接地。一般是将变压器的低压侧中性点直接接地，如图 5-4 所示。

工作接地的作用是能够使相线对地电压维持不变。在中性点不接地的系统中，发生一相接地时，将导致其他两相对地电压升高到线电压，即相电压的 $\sqrt{3}$ 倍，从而增大了触电的危险性。

工作接地的另一个作用是能够迅速切断故障设备。当发生单相接地短路时，短路电流很大，足以使保护装置动作从而切断故障电路。

另一方面，如果变压器低压中性点不接地，发生一相接地时，在三相四线制系统中接零的电气设备外壳对地电压可能接近相电压，人体接触设备外壳时，将有触电的危险。

（2）重复接地。

在三相四线制系统中，将零线上几处通过接地装置与大地再次连接起来，称为重复接地，见图 5-4。

重复接地的作用是当零线断裂时，可以使断线后面的故障危害程度减轻。另一方面，当发生相线碰壳等短路事故时，重复接地极、大地及电源端工作接地极为短路电流提供了另一条流通路径，使短路电流增大，线路越长，这种效果就越明显，从而加速了线路保护装置的动作，缩短了短路事故的时间。

（3）保护接地。

将电气设备外露可导电部分（如金属外壳、构架等）与接地体或接地干线可靠地连接，以保证人身安全，这种接地称为保护接地，如图 5-5 所示。

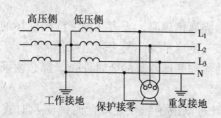

图 5-4　工作接地、重复接地和接零示意图

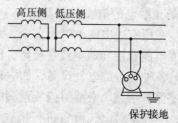

图 5-5　保护接地示意图

保护接地可以起到避免或减轻人体触电危险的作用。当电气设备某处的绝缘损坏，其金属外壳带电，此时若人体触及外壳，则人体与接地装置并联。人体电阻一般在 1000Ω 以上，而接地装置的电阻仅为几欧，则流过人体的电流很小。可见，保护接地可以避免或减轻人体触电危险，保证人身安全。

（4）保护接零。

把电气设备外露可导电部分与电网的 PEN 或 PE 线可靠连接起来，称为保护接零，见图 5-4。一旦相线碰壳形成单相短路，很大的短路电流将导致线路的保护装置迅速动作，切断故障设备，防止触电的危险。

（5）漏电保护。

漏电电流保护器（或称漏电开关），有电子式和电磁式两种。图 5-6 为电子式漏电保护器的工作原理图。

其工作原理为：在正常工作情况下，主回路的三相电流的相量和等于零，故在零序电流互感器线圈中不产生感应电压信号，脱扣器不动作，主开关不跳闸。

当绝缘损坏发生漏电或人体触及相线等带电体时，由于漏电电流经电气设备外壳或人体、接地体和大地流回电源端，使主回路的三相电流的相量和不等于零，在零序电流互感器线圈中感应出电压信号。该信号经电压放大器放大后，加在脱扣装置的动作线圈上，使脱扣器动作并使主开

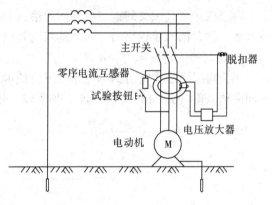

图 5-6　漏电保护开关工作原理图

关跳闸，切断供电电源。由于从零序电流互感器检测出漏电信号及到主开关跳闸，整个过程约在 0.1 秒内完成，故能有效地起到触电保护作用。

漏电保护开关有二极、三极、四极等规格。二极漏电开关用于单相回路，三极或四极漏电保护开关用于三相负载回路或三相负载和单相负载混合供电线路的保护中。

漏电保护开关的额定漏电动作电流有 15、30、50、100、300、500 mA 等。在配电线路中支线保护一般选用额定漏电动作电流为 15mA 或 30mA，干线保护选用 300mA 或 500mA。

对于漏电保护开关，国际电工委员会（IEC）规定的通用名称为"剩余电流动作保护器"，常用英文名的缩写 RCD 来表示。

第二节　防雷装置及其安装

一、雷电的危害

1. 雷电的形成

雷电现象是自然界大气层中在特定条件下形成的。雷云对地面泄放电荷的现象称为雷击。

2. 雷电的危害

雷电的危害方式主要有直击雷、雷电感应和雷电波侵入等方式。

（1）直击雷。

直击雷就是雷云直接通过建筑物或地面设备对地放电的过程。强大的雷电流通过建筑物产生大量的热，使建筑物产生劈裂等破坏作用，还能产生过电压破坏绝缘、产生火花、引起燃烧和爆炸等。其危害程度在三种方式中最大。

（2）雷电感应。

雷电感应是附近有雷云或落雷所引起的电磁作用的结果，分为静电感应和电磁感应两种。静电感应是由于雷云靠近建筑物，使建筑物顶部由于静电感应积聚起极性相反的电荷，雷云对地放电后，这些电荷来不及流散入地，因而形成很高的对地电位，能在建筑物内部引起火花；电磁感应是当雷电流通过金属导体入地时，形成迅速变化的强大磁场，能在附近的金属导体内感应出电势，而在导体回路的缺口处引起火花，发生火灾。

（3）雷电波侵入。

架空线路在直接受到雷击或因附近落雷而感应出过电压时，如果在中途不能使大量电荷入地，就会侵入建筑物内，破坏建筑物和电气设备。

3.建筑物的雷击部位

建筑物屋面易受雷击的部位是与屋面坡度有关的，凡是凸出的尖角部位都易受雷击。不同屋顶坡度（0°、15°、30°、45°）均为建筑物的雷击部位，如图5-7所示。

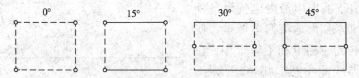

图5-7　不同屋顶坡度建筑物的雷击部位
○雷击率最高的部位⋯ 可能遭受雷击的部位

从图中看出，屋角和檐角的雷击率最高。屋顶的坡度越大，屋脊的雷击率也越高。当坡度大于40°时，屋檐一般不会遭到雷击。当屋面坡度小于27°时，长度小于30m时，雷击点大多发生在山墙上，而屋檐一般不再遭受雷击。另外，屋面遭受雷击的几率很小。

二、防雷措施

（一）建筑物的防雷分类

建筑物根据其重要性、使用性质、发生雷电事故的可能性和后果，按防雷规范要求，将民用建筑的防雷分为三类。

1.第一类防雷建筑物

（1）具有特别用途的建筑物，如国家级的会堂、办公建筑、大型博展建筑、国际性航空港、通信枢纽、国宾馆、大型旅游建筑。

（2）高度超过100m或40层及以上的超高建筑物、国家级重点文物保护的建筑物。

2.第二类防雷建筑物

（1）重要人员密集的大型建筑物，如部级或省级办公楼、省级大会堂、博展、体育、交通、通讯、广播、大型商场、影剧院等建筑物。

（2）省级重点文物保护的建筑物和构筑物。

（3）19 层及以上的住宅建筑和高度超过 50m 的其他民用建筑物。

（4）省级及以上大型计算中心和装有重要电子设备的建筑物。

3．第三类防雷建筑物

（1）不属于第一类和第二类，通过调查确定需要防雷的建筑物。

（2）建筑群中高于其他建筑物或处于建筑物群边缘地带的高度超过 20m 以上的民用建筑物。10～18 层的普通住宅。

（3）高度为 15m 以上的烟囱、水塔等独立的建筑物或构筑物。在雷电活动较弱地区（年平均雷暴日不超过 15 日）其高度可为 20m 及以上。

（二）建筑物的防雷措施

对一、二类的防雷建筑物应考虑直击雷、雷电感应和雷电波侵入的防雷措施，对三类防雷建筑物主要考虑防直击雷和防雷电波侵入的措施。

1．第一类防雷建筑物的防雷措施

（1）防直击雷措施。

1）屋面装设避雷网（金属网格）或避雷带。避雷网格尺寸不大于 10mm×10mm。避雷网分明装和暗装两种。如果是上人的屋顶，可敷设在顶板内 5cm 处；不上人的屋顶，可敷设在顶板上 15cm 处，突出屋面部分，应沿着其顶部设避雷针或环状避雷带。若突出屋面部分为金属物体时可以不装，但应与屋面避雷网可靠连接。当有三条及以上平行避雷带时，每隔不大于 24m 处需相互连接。

高层建筑从首层起，每隔三层沿建筑物周围装设均压环。均压环可利用结构圈梁水平钢筋或扁钢构成。所有引下线、建筑物内的金属结构和金属物体等应与均压环连接。为防侧击雷，自 30m 以上，每隔三层沿建筑物四周敷设一条 25mm×4mm 的扁钢作为水平避雷带，并与引下线可靠连接。30m 以上外墙上的栏杆、门窗等较大金属物，应与防雷装置相连接。

2）防雷引下线不应少于 2 根，并应沿建筑物四周均匀或对称布置，其间距不应大于 18m。当利用建筑物钢筋混凝土中的钢筋作为防雷引下线时，可按跨度设置引下线，但引下线的间距不应大于 18 m，且建筑物外廊各个角上的钢筋应被利用。

3）接地装置应围绕建筑物敷设成一个闭合环路。冲击接地电阻不应大于 10Ω，并应和电气设备接地装置及所有进入建筑物的金属管道相连。

（2）防雷电感应的措施。

1）防静电感应的措施。为了防止静电感应产生火花，建筑物内较大的金属物（如设备、管道、框架、电缆外皮、钢屋梁、钢窗等）和突出屋面的金属物（如风管等），均应与接地装置可靠连接，可使因感应而产生的静电荷迅速地流散入大地中，避免雷电感应过电压的产生。

2）防电磁感应的措施。为了防止电磁感应产生火花，平行敷设的金属管道、金属构架和电缆金属外皮等互相靠近的金属物体，其净距小于 100mm 时，应采用金属线跨接，跨接点的间距不应大于 30m。交叉净距小于 100mm 时，其交叉处亦应跨接。

3）防雷电感应的接地装置的工频接地电阻不应大于 10Ω。

（3）防雷电波侵入的措施。

低压线路宜全线采用电缆直接埋地敷设，在入户端应将其外皮、钢管接到防雷电感应的接地装置上。当全线采用电缆有困难时，在入户端一段可用铠装电缆引入，埋地长度不应小于15m。在电缆与架空线连接处，应装阀型避雷器。避雷器、电缆金属外皮和绝缘子铁脚应连在一起接地，其冲击接地电阻等于或小于10Ω。

进入建筑物的埋地金属管道及电气设备的接地装置，应在入户处与防雷接地装置连接。建筑物内的电气线路采用钢管配线时，垂直敷设的电气线路，在适当部位装设带电部分与金属外壳间的击穿保护装置。垂直敷设的主干金属管道，尽量设在建筑物内的中部和屏蔽的竖井中。

2．第二类防雷建筑物的防雷措施

（1）防直击雷的措施。

1）在屋顶的屋脊、屋檐、屋角、女儿墙等易受雷击部位装设环形避雷带，屋面上任何一点距避雷带不应大于10m。当有三条及以上平行避雷带时，每隔不大于30m处需相互连接一次。若采用避雷带与避雷针混合组成的接闪器，所有避雷针应与避雷带相互连接。当采用避雷网保护时，网格不大于15mm×15mm。

2）防雷引下线不少于2根，其间距不宜大于20m。当利用建筑物钢筋混凝土中的钢筋作为防雷引下线时，可按跨度设置引下线，但引下线的间距不应大于20m，且建筑物外廊各个角上的钢筋应被利用。

3）防直击雷和防雷电感应宜共用接地装置，冲击接地电阻不应大于10Ω，并与电气设备等接地共用同一接地装置，与埋地金属管道相连。在共用接地装置与埋地金属管道相连情况下，接地装置宜围绕建筑物敷设成环形接地体。

4）高层建筑中防侧击雷的均压环、避雷带的要求与一类防雷建筑物相同。

（2）防雷电感应的措施。

1）建筑物内的设备、管道、桥架等主要金属物，应就近接到防雷接地装置或者电气设备的保护接地装置上。

2）平行敷设的管道、桥架和电缆金属外皮等金属物的要求与一类防雷电感应措施相同。

（3）防雷电波侵入的措施。

1）当低压线路全长采用埋地电缆或在架空金属线槽的电缆引入时，在入户端应将电缆金属外皮、金属线槽接地、并应与防雷接地装置相连。

2）低压架空线应采用一段不小于15m的金属铠装电缆或护套电缆穿钢管直接埋地引入。电缆与架空线连接处应装设避雷器。避雷器、电缆金属外皮、钢管和绝缘子铁脚等应连在一起接地，其冲击接地电阻不应大于10Ω。

3）进出建筑物的各种金属管道及电气设备的接地装置应在进出处与防雷接地装置连接。

3．第三类防雷建筑物的防雷措施

（1）防直击雷。

1）在易受雷击部位装设避雷带或避雷针。当采用避雷带时，屋面上任何一点距避雷带不应大于10m。当有三条及以上的平行避雷带时，每隔30～40m处需相互连接。平屋面的宽度不大于20m时，可仅沿周边敷设一圈避雷带。

2）引下线不应少于2根，其间距不应大于25m。

3) 接地装置的冲击接地电阻等于或不大于 30Ω，并应与电气设备接地装置及埋地金属管道相连。

(2) 防雷电波侵入。

1) 对低压架空进出线，应在进出处装设避雷器并与绝缘子铁脚连在一起，接到电气设备的接地装置上。

2) 进出建筑物的各种金属管道应在进出处与防雷接地装置连接。另外，高层建筑的屋顶及侧壁的航空障碍灯，其灯具的全部金属体和建筑物的钢骨架在电气上可靠连接，保持通路。高层建筑的水管进口部位应与钢骨架或主要钢筋连接。水管竖到屋顶时应将其与屋顶的防雷装置连接。

三、防雷装置的组成及其安装

建筑物的防雷装置由接闪器、引下线、接地装置三部分组成。

1. 接闪器

接闪器是吸引和接受雷电流的金属导体，常见接闪器的形式有避雷针、避雷带、避雷网或金属屋面等。

避雷针通常由钢管制成，针尖加工成锥体。当避雷针较高时，则加工成多节，上细下粗，固定在建筑物或构筑物上。

避雷带一般安装在建筑物的屋脊、屋角、屋檐、山墙等易受雷击部位或建筑物要求美观、不允许装避雷针的地方。

避雷带由直径不小于 $\phi 8mm$ 的圆钢或截面不小于 $48mm^2$ 并且厚度不小于 4mm 的扁钢组成，在要求较高的场所也可以采用 $\phi 20mm$ 镀锌钢管。装于屋顶四周的避雷带，应高出屋顶 100 ~ 150mm，砌外墙时每隔 1.0m 预埋支持卡子，转弯处支持卡子间距 0.5m。装于平面屋顶中间的避雷网，为了不破坏屋顶的防水防寒层，需现场制作混凝土块，做混凝土块时也要预埋支持卡子，然后将混凝土块每间隔 1.5 ~ 2m 摆放在屋顶需装避雷带的地方，再将避雷带焊接或卡在支持卡子上。

2. 引下线

引下线的作用是将接闪器收到的雷电流引至接地装置。引下线一般采用不小于 $\phi 8mm$ 的圆钢或截面不小于 $48mm^2$ 并且厚度不小于 4mm 的扁钢，烟囱上的引下线宜采用不小于 $\phi 12mm$ 的圆钢或截面不小于 $100mm^2$ 并且厚度不小于 4mm 的扁钢。

引下线的安装方式可分为明敷设和暗敷设。明敷设是沿建筑物或构筑物外墙敷设，如外墙有落水管，可将引下线靠落水管安装，以利美观。暗敷设是将引下线砌于墙内或利用建筑物柱内的对角主筋可靠焊接而成。

建筑物上至少要设两根引下线，明设引下线距地面 1.5 ~ 1.8m 处装设断接卡子（一般不少于两处）。若利用柱内钢筋作引下线时，可不设断接卡子，但应在外墙距地面 0.3m 处设连接板，以便测量接地电阻。明设引下线从地面以下 0.3m 至地面以上 1.7m 处应套保护管。

3. 接地装置

接地装置的作用是接收引下线传来的雷电流，并以最快的速度泄入大地。接地装置包括接地母线和接地体两部分，接地母线是用来连接引下线与接地体的金属线，常用截面不小于 25mm × 4mm 的扁钢。

接地体分为自然接地体和人工接地体。自然接地体是利用基础内的钢筋焊接而成；人工接地体是人工专门制作的，又分为水平和垂直接地体两种。水平接地体是指接地体与地面水平，而垂直接地体是指接地体与地面垂直。人工接地体水平敷设时一般用扁钢或圆钢，垂直敷设时一般用角钢或钢管。接地体的最小规格见表5-2。

接地体的最小规格   表5-2

| 种类 | 规格 | 地 上 | | 地下 | 种类 | 规格 | 地 上 | | 地下 |
		室 内	室 外				室 内	室 外	
圆钢	直径（mm）	5	6	8	角钢	厚度（mm）	2	2.5	4
扁钢	截面（mm²）	24	48	48	钢管	壁厚（mm）	2.5	2.5	3.5
	厚度（mm）	3	4	4					

敷设在腐蚀性强的场所或 $\rho \leqslant 100\Omega \cdot m$ 的潮湿土壤中的接地装置，应适当加大截面或热镀锌。

为减少相邻接地体的屏蔽作用，垂直接地体的间距不宜小于其长度的2倍，水平接地体的相互间距可根据具体情况确定，但不宜小于5m。垂直接地体长度一般为2.5m，埋深应不小于0.6m，距建筑物出入口或人行道或外墙不应小于3m。

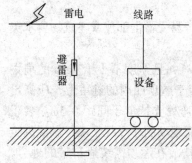

图5-8 避雷器的应用

人工垂直接地体的安装是先在地面挖深度不小于0.6m的沟，将垂直接地体端部加工成尖状，打入地下，将接地体与接地母线及引下线可靠焊接，将土回填夯实即可。接地装置在施工完毕，应测量接地电阻，一、二类防雷建筑物的接地电阻 $R \leqslant 10\Omega$。

避雷器是一种过电压保护设备，分为阀式和排气式等。避雷器用来防止雷电所产生的大气过电压沿架空线路侵入变电所或其他建筑物内，以免危及被保护设备的绝缘。避雷器可用来限制内部过电压，避雷器与被保护设备并联且位于电源侧，其放电电压低于被保护设备的绝缘耐压值。避雷器的应用如图5-8所示。

第三节　接地装置及其安装

一、接地的内容及分类

1. 接地的主要内容

接地包括基本概念、供电系统接地、信息系统接地、防雷接地、防静电及直流接地与防电化学腐蚀接地以及特殊设备与特殊环境设备的接地等。

接地处理的正确与否，对防止人身遭受电击、减少财产损失和保障电力系统、信息系统的正常运行都有重要的作用。

2. 系统接地的分类

（1）供电系统接地按其接地的作用，可分为两大类，即电气功能性接地和电气保护性接地。功能性接地主要包括：工作接地、直流接地、屏蔽接地、信号接地等。保护性接地主要包括防电击接地、防雷接地、防静电接地、防电化学腐蚀接地等。

（2）信息系统接地。各种形式的电子系统，包括计算机、通讯设备、控制系统、语言系统等，按国际电工委员会（IEC）标准统称为信息系统。其接地一般有防电涌过电压接地、电源工作接地、屏蔽接地、防静电接地、保护接地、电子设备的信号接地等。

（3）防雷接地。将雷电导入大地，防止建筑物的财产遭受雷电流的破坏，防止人身遭受雷击，此类接地称为防雷接地。

（4）防静电接地。将静电导入大地，防止由于静电积聚而使设备造成危害的接地称为防静电接地。具体要求是由于静电放电电流很小，一般不超过几十微安，且能量很小，持续时间很短，所以为了消除静电所设置的接地电阻一般为100Ω，在易燃易爆区域宜为30Ω，如果利用其他装置的接地系统，则应设置专用的防静电接地线。

防静电接地线因其导通电流很小，故无其他特殊要求，只需考虑机械强度，以免在使用过程中偶然断裂或发生其他损伤，对于自然导电体，不能作为防静电接地线，只能作为其辅助接地线使用。

（5）防电化学腐蚀接地。如外加电源阴极电流保护法，即向被保护的接地极或地下金属物（如输油管道）通入一定的直流电，使其免受化学腐蚀。此接地叫做防化学腐蚀接地。具体做法是利用被保护的地下输油管道作为阴极，将石墨埋入地下作为阳极，两者之间加以直流电，电源的正极接石墨上，负极接在被保护的输油管道上，使输油管道得到保护。

二、低压配电系统的接地形式

1. 低压配电系统的接地形式及其含义

低压配电系统系指 1kV 以下交流电源系统，我国低压变配电系统接地制式，采用国际电工委员会（IEC）标准，即 TN、TT、IT 三种接地制式，在 TN 接地制式中，因 N 线和 PE 线组合方式的不同，又分为 TN-C、TN-S 、TN-C-S 三种，其中各字母的含义如下：

第一字母表示电源端与地的关系：

T—电源端有一点直接接地；

I—电源端所有带电部分不接地或有一点通过高阻抗接地。

第二字母表示电气装置的外露可导电部分与地的关系：

T—电气装置的外露可导电部分直接接地，此接地点在电气上独立于电源端的接地点；

N—电气装置的外露可导电部分与电源端接地点有直接电气连接。

2. TN 系统

低压电源端有一点（通常是配电变压器的中性点）直接接地，电气设备的外露可导电部分（如金属外壳）通过保护线与该接地点相连，这种连接方式称为 TN 系统。

（1）TN—S 系统。在 TN 系统中，整个系统的中性线（N 线）和保护线（PE 线）是分开的，如图 5-9 所示。

（2）TN—C 系统。在 TN 系统中，整个系统的中性线（N 线）与保护线（PE 线）是合一的，称为 PEN 线，如图 5-10 所示。（而对供电给数据处理设备和电子仪器设备的配电系统，不宜采用 TN-C 系统。）该系统应用在三相负荷基本平衡的工业企业中。（TN-C 系统就是通常所说的保护接零系统。）

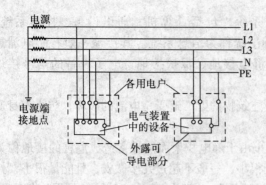

图 5-9　TN-S 系统

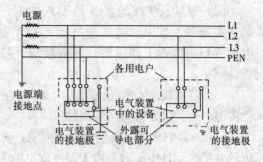

图 5-10　TN-C 系统

用电设备正常工作时，PE 线上不通过电流，因此用电设备的金属外壳对地不呈现电压，该系统适用于高层建筑和民用建筑的用电设备，也适用于对精密电子仪器设备的供电。

（3）TN-C-S 系统。

在 TN 系统中，前一部分的中性线和保护线是合为一体的，而后一部分将 PEN 线分为中性线（N 线）和保护线（PE 线），如图 5-11 所示。

在民用建筑及工业企业中，若采用 TN-C 系统作为进线电源，进入建筑物时把电源线路中的 PEN 线分为 PE 线和 N 线，这种系统线路简单经济，同时 PEN 线分开后，建筑物内有专用的保护线（PE 线），具有 TN-S 的特点，因此，该系统是民用建筑（如小区建筑）中常用的接地形式。

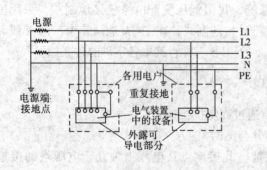

图 5-11　TN-C-S 系统

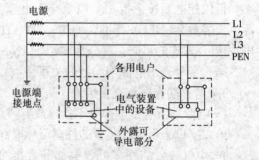

图 5-12　TT 系统

3.TT 系统

电源端有一点（一般是变压器的中性点）直接接地，用电设备的外露可导电部分通过保护线（PE 线）接到与电源端接地点无电气联系的接地极上，这种形式称为 TT 系统。TT 系统就是通常所说的保护接地系统，如图 5-12 所示。

由于用电设备外壳用单独的接地极接地，与电源的接地极无电气上的联系。因此，TT 系统适用于对接地要求较高的电子设备的供电。

我国上海等城市的低压公用电网均采用 TT 系统。

4.IT 系统

电源端的带电部分（包括中性线）不接地或通过高阻抗接地，用电设备的外露可导电部分通过 PE 线接到接地极，如图 5-13 所示。

IT 系统适用于环境条件较差，容易发生一相接地或有火灾爆炸危险的地点，如煤矿等易爆场所。

选择时可根据建筑物不同功能和要求，确定低压配电系统合适的接地形式，以达到安全可靠和经济实用的目的。

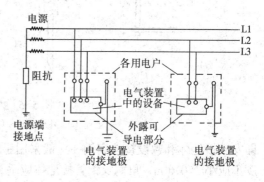

图 5-13　IT 系统

三、接地装置的安装

接地装置包括接地体和接地线两部分。接地体分自然接地体和人工接地体两种。自然接地体是指兼作接地用的直接与大地接触的各种金属管道（输送易燃、易爆气体或液体的管道除外）、金属构件、金属井管、钢筋混凝土基础等。人工接地体是指人为埋入地下的金属导体，如 50mm × 50mm × 5mm 镀锌角钢、ϕ50mm 镀锌钢管等。接地线是指电气设备需接地的部分与接地体之间连接的金属导线，分为自然接地线和人工接地线两种。自然接地线，指建筑物的金属结构（金属梁、柱等）、生产用的金属结构（如吊车轨道、配电装置的构架等）、配线的钢管、电力电缆的铅皮、不会引起燃烧和爆炸的所有金属管道。人工接地线一般都采用扁钢或圆钢制作。

图 5-14 是接地装置示意图。其中接地线分接地干线和接地支线，电气设备接地的部分就近通过接地支线与接地网的接地干线相连接。接地装置的导体截面，应符合热稳定和机械强度的要求。

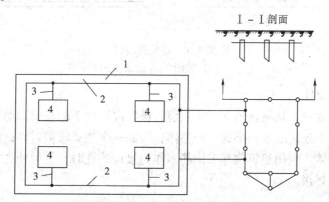

图 5-14　接地装置示意图

1—接地体；2—接地干线；3—接地支线；4—电气设备

1. 接地体的安装

（1）人工接地体的安装。

人工接地体装置如图 5-15 所示。垂直接地体长度为 2.5m 时，其间距不小于 5m。直流电力回路专用的中线、接地体以及接地线不得与自然接地体有金属连接。如无绝缘隔离装置时，相互间的距离不应小于 1m。

垂直接地体一般使用 2.5m 长的钢管或角钢，其端部加工成尖形，埋设沟挖好后应立

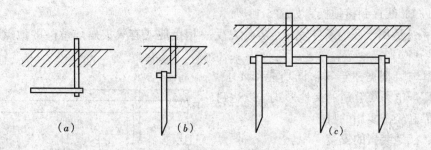

图 5-15　人工接地装置
(a) 水平带式；(b) 单极；(c) 多极

即安装接地体和敷设接地扁钢，一般采用手锤将接地体垂直打入土中，接地体顶部埋设深度不应小于 0.6 m，角钢及钢管接地体应垂直配置。

土壤条件极差的山石地区采用带状接地装置，如图 5-16 所示。一般先挖沟，再把接地装置埋设在沟内，通常沟长 15m，宽为 0.8m，深为 1.8m，沟内全部回填黄粘土，接地装置采用镀锌扁钢，所有焊接点处均刷沥青，接地电阻应小于 4Ω，超过时应补增接地装置的长度。

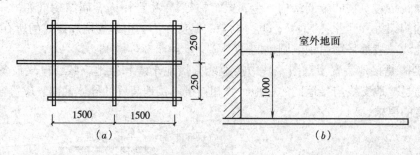

图 5-16　带状接地装置
(a) 平面图 ；(b) 剖面图

(2) 自然接地体。

在高层建筑物中，从屋顶到梁、柱、墙、楼板以及地下的基础，钢筋的数量很多，把这些钢筋从上到下连接起来，形成一个整体，构成一个笼式暗避雷网，使整个建筑物构成一个等电位的整体。利用建筑物基础钢筋网作为接地装置时，可用柱内钢筋作为防雷引下线，钢筋要可靠焊接。

(3) 接地线。

接地线一般用扁钢或圆钢，接地线的连接应采用焊接，焊接部分应补刷防腐漆，接地线应防止发生机械损伤和化学腐蚀，在公路、铁路或管道等交叉处及其他可能使接地线遭受机械损伤处，均应用管子或角钢等加以保护。

1) 接地干线的安装。接地干线应水平或垂直敷设，在直线段不应有弯曲现象。接地干线与建筑物或墙壁间应有 15 ~ 20mm 间隙。水平安装时离地面距离一般为 200 ~ 600mm（具体按设计图）。接地线支持卡子之间的距离，水平部分为 1 ~ 2.5m，垂直部分为 1.5 ~ 2m，转角部分为 0.3 ~ 0.5m。在接地干线上应做好接线端子（位置按设计图纸）以便连接接地支线。接地线由建筑物内引出时，可由室内地坪下引出，也可由室内地坪上引出，其做法如图 5-17 所示。接地线穿过墙壁或楼板应穿管保护，钢管伸出墙壁要 ≥ 10mm，在楼板上面伸出要 ≥ 30mm，在楼板下伸出要 ≥ 10mm，接地线穿过后，钢管两端要做好密封。

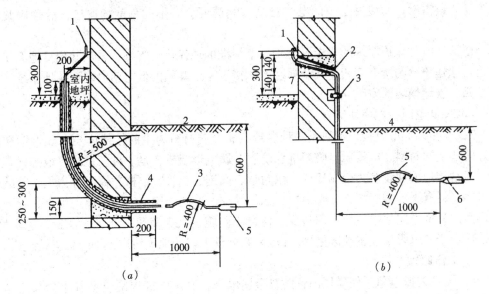

图 5-17 接地线由建筑物内引出安装
(a) 接地线由室内地坪下引出；
1—接地干线；2—室外地坪；3—接地连接线；4—φ50 钢管；5—至接地装置；
(b) 接地线由室内地坪上引出
1—接地干线；2—φ40 钢管；3—支板；4—室外地坪；5—接地连接线；6—至接地装置；7—室内地坪

采用圆钢或扁钢作接地干线时，其连接必须用焊接（搭接焊），圆钢搭接时，焊缝长度至少为圆钢直径的 6 倍，两扁钢搭接时，焊缝长度为扁钢宽度的 2 倍，如采用多股绞线连接时，应采用接线端子。

接地干线与电缆或其他导线交叉时，其间距应不小于 25mm；与管道交叉，应加保护钢管；跨越建筑物伸缩缝时，应设补偿装置。

2）接地支线的安装。接地支线安装时应注意，多个设备与接地干线相连接，须每个设备用 1 根接地支线，不允许几个设备合用 1 根接地支线，也不允许几根接地支线并接在接地干线的 1 个连接点上。接地支线与电气设备金属外壳、金属构架连接时，接地支线的两头焊接线端子，并用镀锌螺钉压接。

明设的接地支线在穿越墙壁或楼板时应穿管保护。固定敷设的接地支线需要加长时，连接必须牢固，用于移动设备的接地支线不允许中间有接头。接地支线的每一个连接处，都应置于明显处，以便于检修。

2. 共用接地和独立接地系统

一个标准建筑需要进行的接地分为很多类，一般有电气工作接地、信息设备系统接地、防雷接地、屏蔽接地、防静电接地等。各类接地的电阻值要求不一样，在无爆炸危险的一般环境中，可以将各类接地统一在一组接地系统上，并取其中最低的接地电阻值，此种接地称为共用接地系统（或称为联合接地系统）；或者将其各自按需要而单独设置接地系统（各接地装置应相距 3~5m 以上），称为独立接地系统，其接地电阻值据各自要求而确定。

通常，电气设备的接地装置不可与防雷接地装置混用，以免雷击时电气设备上呈现危险电压。但对于现代化高层建筑物（或钢筋混凝土框架结构）来讲，整个建筑物的钢筋构成了笼式避雷网，而混凝土中的电气管网与钢筋网会有不同程度的连接，故采用共用接地。

根据等电位保护原理的要求，对于一个标准的现代化建筑物，采用共用接地系统是合理的，即建筑物的所有互相连接金属装置，接至一个共同的低电感的网形接地系统。

四、接地模块的安装

FLUX 低电阻接地模块简介

FLUX 系列低电阻接地模块是一种以导电非金属材料为主的接地体，由导电性和稳定性好的非金属材料、电解质、吸湿剂和防腐金属电极组成，是一种新型的接地装置。

通常接地网建设多为金属导体，以角钢、圆钢、钢管、铜棒、铜网等为主，其缺点是用料多、耗资大、施工复杂、寿命短、稳定性差，在高土壤电阻率区使用很难达到预期效果。而这种低电阻接地模块则用料少、耗资小、施工大大简化，而且寿命长、稳定性好，特别适合于高电阻率土壤地区使用。FLUX 系列低电阻接地模块广泛用于各类接地中。

1. 工作原理

FLUX 系列低电阻接地模块内置防腐金属电极，金属电极周围包裹着非金属低电阻导电材料，并形成稳固的接触。当 FLUX 接地模块埋入大地后，与大地构成一个接触良好的整体，由于 FLUX 接地模块具有很强的保温、吸湿性和稳定的导电性，金属接地体通过外围的非金属的电阻模块与大地的接触电阻将大大减少，达到良好的降阻作用。

2. FLUX 系列低电阻接地模块特点

（1）本模块采用化学稳定非金属导体材料作为模块的导电介质，其导电性不受季节影响。

（2）具有吸湿、保湿特性，接地电阻低且能保持长期稳定，在高土壤电阻率地区，能有效降低地网接地电阻。

（3）本模块经多次大电流冲击后，阻值不增大，无变硬、发脆、断裂等现象发生。

（4）能经受 –40℃ 的低温，北方高寒地区同样适用。

（5）耐腐蚀、无毒害、环保无污染、使用寿命长（大于 30 年）、安装简便。

3. 技术指标

FLUX 系列低电阻接地模块技术数据见表 5-3。

FLUX 系列低电阻接地模块技术数据

表 5-3

序号	型号	外形尺寸（mm）	质量（kg）	室温下电阻率（$\Omega \cdot m$）$\leqslant$	工频接地电阻 Ω（$P=100\Omega \cdot m$）	计算系数 k	备注
1	FLUX-1	$\phi 150 \times 800$	20	4.2	7	0.0906	圆柱形
2	FLUX-2	$\phi 250 \times 1000$	50	4.0	5	0.0648	圆柱形
3	FLUX-3	$500 \times 400 \times 60$	20	3.0	4	0.0517	平板形

4. 应用范围

（1）电信大楼、移动通信基站、微波中继站、地面卫星接收站、雷达站、发电厂、变电站、开关站、高压输电线路、电气化铁路、高速公路收费站、石油库、加油站、机场等工作接地、安全接地和防雷接地。

(2) 计算机机房设备、广播电视设备、邮电程控设备、电子医疗设备等工作接地和保护接地。

(3) 各种高层建筑及高大构筑物、名胜古建筑、高大纪念塔、易燃易爆物质仓库防雷接地等。

5. FLUX 系列低电阻接地模块的安装

(1) FLUX 接地模块采用水平埋设，埋置深度不小于 0.5m，模块间距离大于 3m。

(2) 模块极芯相互并联或与地线连接时必须焊接，焊接长度为连线宽度的 2 倍。在焊接处清除焊渣，涂上防腐导电或包裹 KY 防腐型长效接地降阻剂。

(3) 回填土时应适量洒水，分层夯实（模块的上下左右必须与土壤紧密接地，而且要避免模块周围掺入石头、木棍等非导电物体），待模块充分吸湿 24 小时后测量接地电阻。

五、建筑物的等电位联结

在电气装置或某一空间内，将所有金属可导电部分，以恰当的方式互相联结，使其电位相等或相近，从而消除或减小各部分之间的电位差，有效地防止人身遭受电击、电气火灾等事故的发生，此类连接称为等电位联结。

1. 等电位联结的分类

等电位联结分为总等电位联结，代号为 MEB；辅助等电位联结，代号为 SEB；局部等电位联结，代号为 LEB。

总等电位联结（MEB）是指在建筑物的电气装置范围内，将其建筑物构件、各种金属管道、电气系统的保护接地线（PE 线）和人工或自然接地装置通过总电位联结端子板（条）互相连接，以降低建筑物内间接接触电压和不同金属部件间的电位差，并消除自建筑物外经电气线路和各种金属管道以及金属件引入的危险故障电压的危害。

辅助等电位联结（SEB）是指将两个或几个可导电部分，进行电气连通，直接作等电位联结，使其故障接触电压降至安全限制电压以下。辅助等电位联接线的最小截面为：有机械保护时，采用铜导线为 2.5mm²，采用铝导线时为 4mm²；无机械保护时，铜（铝）导线均为 4mm²；采用镀锌材料时，圆钢为 ϕ10mm，扁钢为 20mm×4mm。

局部等电位联结（LEB）是指在某一个局部范围内，通过局部等电位端子板（条），将多个辅助等电位联结。

2. 低压接地系统对等电位联结的要求

(1) 建筑物内的总等电位联结导体应与下列可导电部分互相连接：

1) 保护线干线、接地线干线；2) 金属管道，包括自来水管、燃气管、空调管等；3) 建筑结构中的金属部分，以及来自建筑物外的可导电体；4) 来自建筑物外的可导电体，应在建筑物内尽量靠近入口处与等电位联结导体连接。

(2) 建筑物内的辅助等电位联结，应与下列可导电部分互相连接：

1) 固定设备的所有能同时触及的外露可导电部分；2) 设备或插座内的保护导体；3) 装置外的可导电部分，建筑物结构主筋。

等电位连接的电阻要求是，等电位联结端子板与其连接范围内的金属体末端间电阻不大于 3Ω，并且使用后要定期测试。

3. 等电位联结的作用

所有的电气灾害，均不是因为电位高或电位低引起的，而是由于电位差的原因引起放电。人身遭受电击、电气火灾、电气信息设备的损坏等，其主要原因都是由于有了电位差引起放电造成的。

为了防止上述事故的发生，如何消除电位差或减小电位差是最有效的措施。采用等电位联结的方法，能有效地消除或减小电位差，使设备及人员获得安全防范保护。

4. 等电位联结与接地的关系

接地一般是指电气系统、电气设备可导电金属外壳、电气设备外可导电金属件等，用导体与大地相连接，使其被连接部分与大地电位相等或相近，故等电位联结应该接地。根据不同要求，等电位联结也可不与大地连接。如在某一局部区域内，对地电阻在 50MΩ 以上，此时其等电位联结系统不接地是安全的。又如：车载发电机及其供电设备、飞机等，其等电位联结指与其机架、机壳的连接，使其在此空间及平面范围内不存在电位差，达到安全的目的。

大中型建筑物都应设总等电位联结。对于多路电源进线的建筑物，每一电源进线都须做各自的总等电位联结，所有总等电位联结系统之间应就近互相连通，使整个建筑物电气装置处于同一电位水平。总等电位联结系统，如图 5-18 所示。等电位联结线与各种管道连接时，抱箍时管道的接触表面应清理干净，抱箍内径等于管道外径，其大小依管道大小

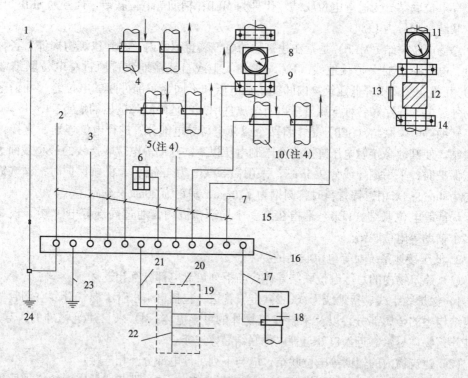

图 5-18 总等电位联结系统图

1—避雷接闪器；2—天线设备；3—电信设备；4—采暖管；5—空调管；6—建筑物金属结构；7—其他需要连接的部件；8—水表；9—总给水管；10—热水管；11—煤气表；12—绝缘段（煤气公司确定）；13—火花放电间隙（煤气公司确定）；14—总煤气管；15、18、21—MEB 线；16—MEB 端子板（接地母排）；18—地下总水管；19、22—PE 母线；20—总进线配盘；23—接地；24—避雷接地

而定。

安装完毕后须测试导电的连续性，导电不良的连接处焊接跨接线。跨接线与抱箍连接处应刷防腐漆。等电位联结线与各种管道的连接，金属管道的连接处一般不需焊接跨接线。给水系统的水表需加接跨接线，以保证水管的等电位联结和有效接地。装有金属外壳排风机、空调器的金属门、窗框或靠近电源插座的金属门、窗框以及距外露可导电部分伸臂范围内的金属栏杆、天花龙骨等金属体须做等电位联结。为避免用煤气管道作接地极，煤气管入户后应插入一绝缘段（例如在法兰盘间插入绝缘板）以便与户外埋地煤气管隔离，为防雷电流在煤气管道内产生电火花，在此绝缘段两端应跨接火花放电间隙，该间隙由煤气公司确定。一般场所离人站立处不超过 10m 的距离内如有地下金属管道或结构即

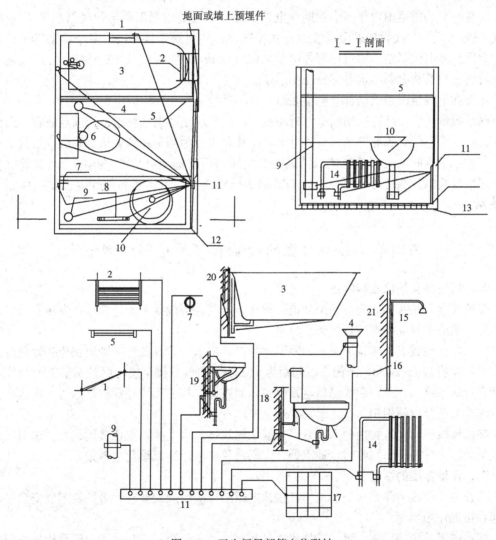

图 5-19 卫生间局部等电位联结

1—金属扶手；2—浴巾架；3—浴盆；4—金属地漏；5—浴帘杆；6—便器；7—毛巾环；8—暖气片；9—水管；
10—洗脸盆；11—LEB 端子板；12—地面上预埋件；13—钢筋；14—采暖管；15—淋浴；16—给水管；
17—建筑物侧箍间；18、19、20、21—墙

可认为满足地面等电位的要求，否则应在地下加埋等电位带，游泳池之类特殊电击危险场所须增大地下金属导体密度。等电位联结端子板应采取螺栓连接，以便拆卸进行定期检测。当等电位联结线采用钢材焊接时，应采用搭接焊并满足如下要求：

（1）扁钢的搭接长度应不小于其宽度的2倍，三面施焊。

（2）圆钢的搭接长度应不小于其直径的6倍，双面施焊。

（3）圆钢与扁钢连接时，其搭接长度应不小于圆钢直径的6倍。

（4）扁钢与钢管（或角钢）焊接时，除应在其接触部位两侧进行焊接外，并应焊以由扁钢弯成的弧形面（或直角形）与钢管（或角钢）焊接。

等电位联结用的螺栓、垫圈、螺母等应进行热镀锌处理。等电位联结线应有黄绿相间的色标。在等电位联结板上应刷黄色底漆并标以黑色记号，其符号为" ⏚ "。

需在局部场所范围内作多个辅助等电位联结时，可通过局部等电位联结端子板将PE母线、PE干线或公用设施的金属管道等互相连通，实现局部范围内的多个辅助等电位联结称为局部等电位联结。通过局部等电位联结端子板将PE母线或PE干线、公用设施的金属管道、建筑物金属结构等部分互相连通。

通常在下列情况须做局部等电位联结。

网络阻抗过大，使自动切断电源时间过长；不能满足防电击要求；为满足浴室、游泳池、医院手术室、农牧业等场所对防电击的特殊要求；为满足防雷和信息系统抗干扰的要求。例如：卫生间的局部等电位联结是把卫生间内所有的金属构件（地漏、水暖管、便器、卫生器具以及墙体等）部分均与LEB端子板相连接。卫生间局部等电位联结如图5-19所示。

第四节　接地装置的检验和接地电阻的测量

一、接地装置的检验和涂色

接地装置安装完毕后应对各部分进行检查，尤其是焊接处更要仔细检查焊接质量，对合格的焊缝应按规定在焊缝各面涂漆防腐。

明设的接地线表面应涂黑漆，如因建筑的设计要求需涂其他色，则应在连接处及分支处涂以宽度均为15mm的两条黑带，间距为150mm。中性点接至接地网的明敷接地导线应涂紫色带状条纹。在三相四线制供电系统中，如接有单相分支线并零线接地时，零线在分支点应涂黑色带以便识别。

在接地线引向建筑物内的入口处，一般在建筑物外墙上标以黑色接地记号，以引起维护人员的注意。在检修用临时接地点处，应刷白色底漆后标以黑色接地记号。

二、接地电阻的测量

不论是工作接地还是保护接地，其接地电阻必须满足规定要求，否则就不能安全可靠地起到接地作用。

接地电阻是指接地体电阻、接地线电阻和土壤流散电阻三部分之和。测量接地电阻一般用接地电阻测量仪（俗称接地摇表）。

图5-20为测量接地装置的接地电阻时的接线方式。其测量方法如下：

在测量接地电阻之前，首先要切断接地装置与电源、电气设备的所有联系。然后沿被

测接地装置 E 使电位探测针 P 和电流探测针 C，依直线的排列形式彼此相距 20m。电位探测针 P 插于接地装置 E 引出线和电流探测针 C 之间，即电流探测针 C 距离接地装置 E 引出线 40m，电位探测针 P 距离接地装置 E 引出线 20m。插好接地极后，按图 5-20 的接线方式，用导线将 E、P 和 C 与接地电阻测试仪的相应端钮连接。

导线接好后，将仪表放置于水平位置，检查检流计的指针是否指在中心线上，若不在中心线位置，可用零位调整器将其调整在中心线上。

测试时将"倍率标度"置于最大倍数，慢慢转动发电机的摇把，同时转动"测量标度盘"，检流计的指针指于中心线上。当检流计的指针接近于平衡时，加快发电机摇把的转速，使其达到每分钟 120 转以上，同时调整好"测量标度盘"，使指针指在中心线上。

若"测量标度盘"的读数小于 1 时，应将"倍率标度"置于较小的倍数（如 1 档），再重新调整"测量标度盘"，以得到正确的读数。用"测量标度盘"的读数乘以"倍率"的倍数，即为所测的接地电阻值。

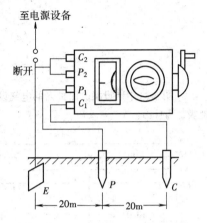

图 5-20　接地电阻的测量

三、降低接地电阻的措施

流散电阻与土壤的电阻有直接关系。如接地电阻未达到设计所要求时，可采取适当的降阻措施。常用的方法如下：

（1）对土壤进行混合或浸渍处理。在接地体周围土壤中适当混入一些木炭粉、炭黑等，以提高土壤的导电率；也可用食盐溶液浸渍接地体周围的土壤，对降低接地电阻也有明显效果。近年来采用的木质素等长效化学降阻剂，效果十分显著。

（2）改换接地体周围部分土壤。将接地体周围换成电阻率较低的土壤，如黏土、黑土、砂质黏土、加木炭粉土等。

（3）增加接地体埋设深度。当碰到表面岩石或高电阻率土壤不太厚，而下部就是低电阻率土壤时，可将接地体采用钻孔深埋或开挖深埋至低电阻率的土壤中。

（4）外引式接地。当接地处土壤电阻率很大，而在距接地不远处有导电良好的土壤或有不冰冻的湖泊、河流时，可将接地体引至该低电阻率地带，然后按规定做好接地。

思 考 题 与 习 题

1. 如图 5-21（a）、（b）是 TN—C 系统中装设漏电保护器（RCD）的两种接法，问：哪一种接法是错误的，为什么？

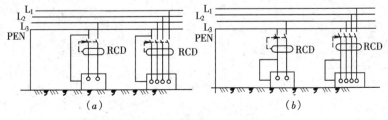

（a）　　　　　　　　　　　　　（b）

图 5-21　题 5-1 图

2. 图 5-22 是插座接线图，其中哪种接法是正确的？为什么？每种接法造成的使用结果如何？

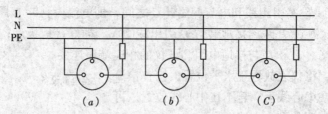

图 5-22　题 5-2 图

3. 图 5-23 中装设漏电保护器的电气设备 A 是否可以与不装设漏电保护器的电气设备 B 共用一个接地极，为什么？

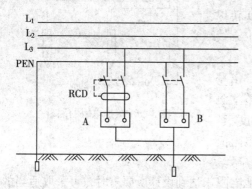

图 5-23　题 5-3 图

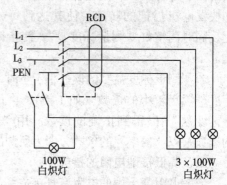

图 5-24　题 5-4 图

4. 图 5-24 所示照明回路为灯具低于 2.5m 以下时，需加漏电保护器的情况，灯具高于 2.5m 时就可不加漏电保护，如按图中情况接线能否正常工作？

5. 我国安全电压标准有几种？指出其用途。

6. 低压配电系统接地形式有哪几种类型？其文字代号的字母含义是什么？

7. 什么叫中性线、保护线、保护中性线？电气设备外露可导电部分的含义是什么？

8. 简述重复接地的作用。

9. 简述漏电保护开关的工作原理。

10. 建筑物的哪些部位容易遭受雷击？

11. 民用建筑物的防雷分成几类？各自的防雷措施从几方面考虑。

12. 简述防雷接地装置的组成及各部分的作用。

13. 简述等电位联结及其作用。

14. 简述低压接地系统对等电位联结的要求。

第六章 动力、照明工程

第一节 室内配线工程

一、室内配线工程概述

1. 配线方式

根据敷设方式的不同，通常可将室内配线分为明敷设和暗敷设两种。明敷设指的是将绝缘导线直接敷设于墙壁、顶棚的表面及桁架、支架等处，或将绝缘导线穿于导管内敷设于墙壁、顶棚的表面及桁架、支架等处。暗敷设指的是将绝缘导线穿于导管内，在墙壁、顶棚、地坪及楼板等内部敷设或在混凝土板孔内敷设。室内常用配线方法有：瓷瓶配线、导管配线、塑料护套线配线、钢索配线等。

2. 配线基本要求

由于室内配线方法的不同，技术要求也有所不同，无论何种配线方法必须符合室内配线的基本要求，即室内配线应遵循的基本原则。

(1) 安全。室内配线及电器、设备必须保证安全运行。

(2) 可靠。保证线路供电的可靠性和室内电器设备运行的可靠性。

(3) 方便。保证施工和运行操作及维修的方便。

(4) 美观。室内配线及电器设备安装应有助于建筑物的美化。

(5) 经济。在保证安全、可靠、方便、美观的前提下，应考虑其经济性，做到合理施工，节约资金。

3. 配线施工工序

(1) 定位划线。根据施工图纸确定电器安装位置、线路敷设途径、线路支持件及导线穿过墙壁和楼板的位置等。

(2) 预埋支持件。在土建抹灰前对线路所有固定点处应打好孔洞，并预埋好支持件。

(3) 装设绝缘支持物、线夹、导管。

(4) 敷设导线。

(5) 安装灯具、开关及电器设备等。

(6) 测试导线绝缘、连接导线。

(7) 校验、自检、试通电。

二、槽板配线

槽板配线就是把绝缘导线敷设在槽板的线槽内，上部用盖板把导线盖住。槽板按材料分为木槽板和塑料槽板；线槽分为双线槽和三线槽两种。如图 6-1 所示。

槽板配线整齐美观，造价低。该配线方式适用于民用建筑和古建筑的修复，干燥房屋内的照明线路，有时也用于室内线路的改造。《建筑电气工程施工质量验收规范》（GB 50303—2002）中对槽板配线有以下要求：

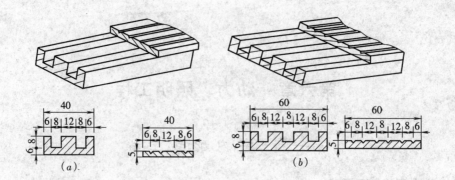

图 6-1　槽板外形尺寸图

(a) 二线槽板；(b) 三线槽板

（1）槽板内电线无接头，电线连接设在器具处；槽板与各种器具连接时，电线应留有余量，器具底座应压住槽板端部。

（2）槽板敷设应紧贴建筑物表面，且横平竖直、固定可靠，严禁用木楔固定；木槽板应经阻燃处理，塑料槽板表面应具有阻燃标识。

（3）槽板穿过梁、墙和楼板处应有保护套管，跨越建筑物变形缝处槽板应设补偿装置，且与槽板结合严密。

（一）槽板的安装

1. 定位划线

槽板宜敷设于较隐蔽的地方，应尽量沿着房屋的线脚、横梁、墙角等处敷设，做到与建筑物线条平行或垂直。

2. 槽板固定

（1）选择槽板。木槽板的内外应光滑、无棱刺，应经阻燃处理。塑料槽板表面应有阻燃标识。

（2）槽板加工。槽板的锯断和弯曲可用钢锯或特制的小木锯。拼接槽板的形式有三种：即对接、拐角连接、分支拼接。槽板对接如图 6-2 所示。

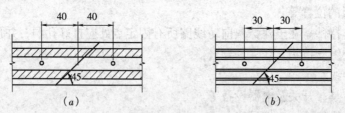

图 6-2　槽板对接图

(a) 底板对接；(b) 盖板对接

（3）槽板固定。槽的拼接和固定，一般应同时进行。槽板固定方式有：在砖和混凝土结构上的固定；在线条上和顶棚上的固定。固定底板时，根据划线所确定的固定点位置，槽板底板固定点间距应小于 500mm。槽板不应敷设在顶棚和墙壁内。

（二）敷设导线和固定盖板

1. 敷设导线

底板固定后即可敷设导线。为了使导线在接头时便于辨认，接线正确，一条槽板内应敷设同一回路的导线。槽板内导线不得有接头和受挤压。如果需接头时必须装设接线盒，把接头放在接线盒内，接线盒扣在槽板上。

当导线敷设到灯具、开关、插座或接头处要留出线头，一般以100mm为宜，以便于连接。在配电箱及集中控制的开关板等处，导线余量为配电箱或开关板的半周长。

穿过墙壁或楼板时，导线应穿入预先埋好的保护管内。敷设于木槽板内的导线，其额定电压应不低于500V。

2. 固定盖板和终端处理

（1）固定盖板。固定盖板与敷设导线同时进行。盖板固定点间距不应大于300mm，端部盖板不大于30~40mm。固定方法如图6-3（a）所示。

（2）终端固定。槽板在终端处的安装固定方法如图6-3（b）（c）所示。进入木台时，应在靠边木台60mm处固定。

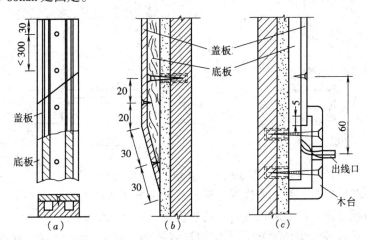

图6-3 槽板配线固定盖板的做法

（a）盖板的固定；（b）槽板封端做法；（c）进入木台做法

三、线槽配线

（一）金属线槽配线

金属线槽多由厚度为0.4~1.5mm的钢板制成，其配线的规定如下：

（1）金属线槽配线一般适用于正常环境的室内场所明配，但不适用于有严重腐蚀的场所。具有槽盖的封闭式金属线槽，其耐火性能与钢管相似，可敷设在建筑物的顶棚内。

（2）金属线槽施工时，线槽的连接应连续无间断；每节线槽的固定点不应少于两个；应在线槽的连接处、线槽首端、终端、进出接线盒、转角处设置支转点（支架或吊架）。线槽敷设应平直整齐。金属线槽在墙上安装如图6-4所示。

（3）金属线槽配线不得在穿过楼板或墙壁等处进行连接。由线槽引出的线路，可采用金属管、硬塑管、半硬塑管、金属软管或电缆等配线方式。金属线槽还可采用托架、吊架等进行固定架设。如图6-5所示。

（4）金属线槽配线时，在线路的连接、转角、分支及终端处应采用相应的附件。

（5）导线或电缆在金属线槽中敷设时应注意：

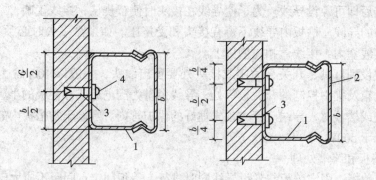

图 6-4　金属线槽安装示意图

1—金属线槽；2—槽盖；3—塑料胀管；4—8×35 半圆头木螺丝

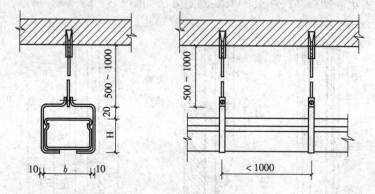

图 6-5　金属线槽用吊架安装

1）同一回路的所有相线和中性线应敷设在同一金属线槽内；

2）同一路径无防干扰要求的线路，可敷设在同一金属线槽内；

3）线槽内导线或电缆的总截面不应超过线槽内截面的 20%，载流导线不宜超过 30 根。当设计无规定时，包括绝缘层在内的导线总截面积不应大于线槽截面积的 60%。控制、信号或与其相类似的线路，导线或电缆截面积总和不应超过线槽内截面的 50%，导线和电缆的根数不做限定。

（6）金属线槽应可靠接地或接零，线槽的所有非导电部分的铁件均应相互连接，使线槽本身有良好的电气连续性，但不作为设备的接地导体。

（二）地面内暗装金属线槽配线

地面内暗装金属线槽配线是一种新型的配线方式。该配线方式是将电线或电缆穿在经过特制的壁厚为 2mm 的封闭式金属线槽内，直接敷设在混凝土地面，现浇钢筋混凝土楼板或预制混凝土楼板的垫层内。暗装金属线槽组合安装如图 6-6 所示。

地面内暗装金属线槽配线的规定如下：

（1）地面内金属线槽应采用配套的附件；线槽在转角、分支等处应设置分线盒；线槽的直线段长度超过 6m 时宜加装接线盒。线槽出线口与分线盒不得突出地面，且应做好防水密封处理。金属线槽及金属附件均应镀锌。

（2）由配电箱、电话分线箱及接线端子箱等设备引至线槽的线路，宜采用金属管配线方式引入分线盒，或以终端连接器直接引入线槽。

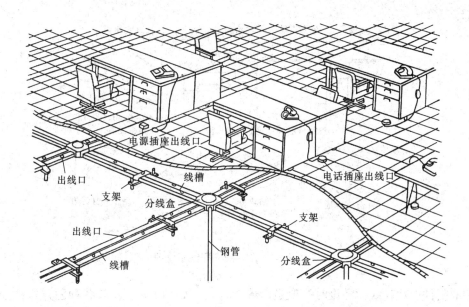

图 6-6　地面内暗装金属线槽示意图

（3）强、弱电线路应采用分槽敷设。线槽支架安装如图 6-7 所示。

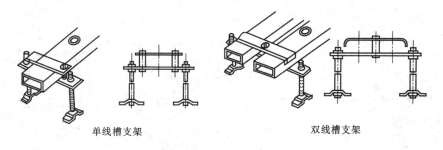

单线槽支架　　　　　　　　　双线槽支架

图 6-7　单、双线槽支架安装示意图

无论是明装还是暗装金属线槽均应可靠接地或接零，但不应作为设备的接地导线。

（三）塑料线槽配线

塑料线槽配线适用于正常环境的室内场所，特别是潮湿及酸碱腐蚀的场所，但在高温和易受机械损伤的场所不宜使用。

塑料线槽配线的规定如下：

（1）塑料线槽必须经阻燃处理，外壁应有间距不大于 1m 的连续阻燃标记和制造厂标。

（2）强、弱电线路不应敷于同一线槽内。线槽内电线或电缆总截面不应超过线槽内截面的 20%，载流导线不宜超过 30 根。当设计无此规定时，包括绝缘层在内的导线总截面不应大于线槽截面积的 60%。

（3）导线或电缆在线槽内不得有接头。分支接头应在接线盒内连接。

（4）线槽敷设应平直整齐。塑料线槽配线，在线路的连接、转角、分支及终端处应采

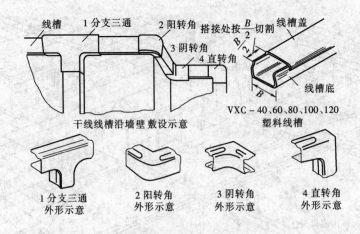

图 6-8 塑料线槽配线示意图

用相应附件。塑料线槽敷设时一般是沿墙明敷设，如图 6-8 所示。各种固定方式如图 6-9 所示。线槽、接线箱外形示意如图 6-10 所示。

　　塑料线槽、安装附件规格尺寸及编号见表 6-1 和表 6-2。

图 6-9　各种固定方
式安装示意图
1—机螺丝钉；2—石膏垫
板；3—伞形螺栓；4—木
螺钉；5—垫圈；6—木砖

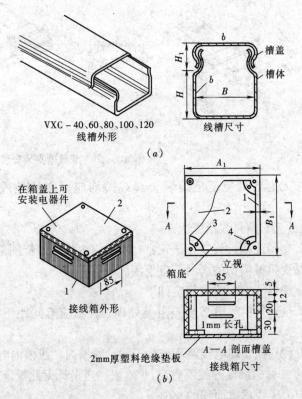

图 6-10　线槽、接线箱外形示意图
（a）线槽；（b）接线箱
1—箱框；2—箱盖；3—箱盖固定孔；4—固定孔

132

线槽规格尺寸（mm）					编　号	接线箱规格尺寸 (mm)			编　号
型号	B	H	H_1	b		型号	A_1	B_1	
VXC-40	40	15	15	1.2	HS1171	一式	110	110	HS1191
VXC-60	60	15	15	2.0	HS1174				
VXC-80	80	30	20	2.0	HS1177	二式	200	200	HS1194
VXC-100	100	30	20	2.5	HS1180				
VXC-120	120	30	20	2.5	HS1183	三式	300	300	HS1197

干线线槽附件编号　　　　　　　　表 6-2

附件名称规格	分支三通编号	阳转角编号	阴转角编号	直转角编号
VXC-40	HS1201	HS1211	HS1221	HS1231
VXC-60	HS1301	HS1311	HS1321	HS1331
VXC-80	HS1401	HS1411	HS1421	HS1431
VXC-100	HS1501	HS1511	HS1521	HS1531
VXC-120	HS1601	HS1611	HS1621	HS1631

四、塑料护套线配线

（一）配线要求

采用铝片线卡固定塑料护套线的配线方式，称为塑料护套线配线。塑料护套线具有防潮和耐腐蚀等性能，可用于比较潮湿和有腐蚀性的特殊场所。塑料护套线多用于照明线路，可以直接敷设在楼板、墙壁等建筑物表面上，但不得直接埋入抹灰层内暗设或建筑物顶棚内。室外受阳光直射的场所不宜明配塑料护套线。

塑料护套线配线规定如下：

（1）塑料护套线的型号、规格必须严格按设计图纸规定。铝片卡规格为 0、1、2、3、4、5 号等。铝片卡的固定如图 6-11 所示。

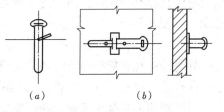

图 6-11　铝片卡的固定方法
（a）铁钉固定；（b）粘接固定

（2）塑料护套线的分支接头和中间接头，应做在接线盒中。当护套线穿过建筑物的伸缩缝、沉降缝时，在跨缝的一段导线两端，应可靠固定，并做成弯曲状，留有一定裕量。

（3）塑料护套线配线穿过墙壁和楼板时，应加保护管，保护管可用钢管、塑料管或瓷管。当导线水平敷设距地面低于 2.5m，垂直敷设距地面低于 1.8m 时，应加管保护。

（4）在地下敷设塑料护套线时必须穿管。另外，塑料护套线与不发热的管道及接地导体紧贴交叉时，要加装绝缘保护管。在易受机械损伤的场所，要加装金属管保护。

（二）施工程序

塑料护套线一般是在木结构，砖、混凝土结构；沿钢索上敷设；以及在砖、混凝土结构粘接。

塑料护套线在砖、混凝土结构上敷设的施工程序是：测位、划线、打眼、埋螺钉、下过墙管、上卡子、装盒子、配线、焊接线头。其他的基本类似。塑料护套线配线如图 6-12 所示。

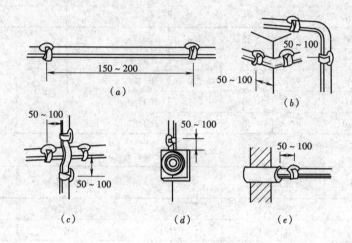

图 6-12　塑料护套线配线做法

（a）直线部分；（b）转角部分；（c）十字交叉；（d）进入木台；（e）进入管子

五、导管配线

将绝缘导线穿在管内敷设，称为导管配线。导管配线安全可靠，可避免腐蚀性气体的侵蚀和机械损伤，更换导线方便。普遍应用于重要公用建筑和工业厂房中，以及易燃、易爆及潮湿的场所。

导管配线通常有明配和暗配两种。明配是把线管敷设于墙壁、桁架等表面明露处，要求横平竖直、整齐美观。暗配是把线管敷设于墙壁、地坪或楼板内等处，要求管路短、弯曲少，以便于穿线。

（一）导管的选择

导管的选择，应根据敷设环境和设计要求决定导管材质和规格。常用的导管有水煤气管、薄壁管、塑料管（PVC 管）、金属软管和瓷管等。

导管规格的选择应根据管内所穿导线的根数和截面决定，一般规定管内导线的总截面积（包括外护层）不应超过管子截面积的 40%。

（二）导管的加工

需要敷设的导管，应在敷设前进行一系列的加工，如除锈、涂漆、切割、套丝和弯曲。

1．除锈涂漆

为防止钢管生锈，在配管前应对管子进行除锈、刷防腐漆。钢管外壁刷漆要求与敷设方式及钢管种类有关。

（1）钢管明敷时，焊接钢管应刷一道防腐漆，一道面漆（若设计无规定颜色，一般用灰色漆）。

（2）埋入有腐蚀土层中的钢管，应按设计规定进行防腐处理。电线管一般因为已刷防腐黑漆，故只需在导管焊接处和连接处以及漆脱落处补刷同样色漆。

2. 切割套丝

在配管时，应根据实际情况对导管进行切割。导管切割时严禁用气割，应使用钢锯或电动无齿锯进行切割。导管和导管的连接导管和接线盒及配电箱的连接，都需要在管子端部进行套丝。

3. 弯曲

根据线路敷设的需要，导管改变方向需要将导管弯曲。在线路中导管弯曲多会给穿线和维护换线带来困难。因此，施工时要尽量减少弯头。为便于穿线，导管的弯曲角度一般不应大于90°。导管弯曲，可采用弯管器，弯管机或用热煨法。

为了穿线方便，在电线管路长度和弯曲超过下列数值时，中间应增设接线盒。

（1）管子长度每超过30m，无弯曲时；

（2）管子长度每超过20m，有一个弯时；

（3）管子长度每超过15m，有二个弯时；

（4）管子长度每超过8m，有三个弯时；

（5）暗配管两个拉线盒之间不允许出现四个弯。

（三）导管连接

钢管不论是明敷还是暗敷，一般都采用管箍连接，特别是潮湿场所及埋地和防爆导管。《建筑电气工程施工质量验收规范》（GB 50303—2002）中强制规定，金属导管严禁对口熔焊连接；镀锌和壁厚小于等于2mm的钢导管不得套管熔焊连接。

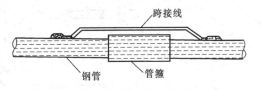

图 6-13　钢管连接处接地

钢管采用管箍连接时，要用圆钢或扁钢作跨接线焊在接头处，使导管之间有良好的电气连接，以保证接地的可靠性。如图6-13所示。

跨接线焊接应整齐一致，焊接面不得小于接地线截面的6倍。跨接线的规格有$\phi 6$、$\phi 8$、$\phi 10$的圆钢和25×4的扁钢。

钢管进入灯头盒、开关盒、接线盒及配电箱时，暗配管可用焊接固定，管口露出盒（箱）应小于5mm；明配管应用锁紧螺母或护帽固定，露出锁紧螺母的丝扣为2~4扣。

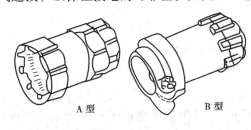

A型　　　　　　B型

图 6-14　管接头示意图

塑料波纹管一般情况下很少需要连接。当必须连接时，应采用管接头连接。如图6-14所示。

当波纹管进入箱、盒时，必须用管接头连接。导管进接线盒操作步骤如图6-15所示。

（四）导管敷设

导管敷设一般从配电箱开始，逐段配至用电设备处，或者可从用电设备端开始，逐段配至配电箱处。

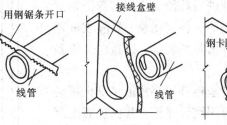

1. 开口　　　2. 入接线盒　　　3. 卡固

图 6-15　导管进接线盒操作步骤示意图

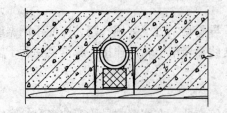

图 6-16　木模板上导管的固定方法

1. 暗配管

钢管暗设施工程序如下：

熟悉图纸→选管→切断→套丝→煨弯→按使用场所刷防腐漆→进行部分管与盒的连接→配合土建施工逐层逐段预埋管→管与管和管与盒（箱）连接→接地跨接线焊接。

在现浇混凝土构件内敷设导管，可用铁丝将导管绑扎在钢筋上，或用钉子将导管钉在木模板上，将管子用垫块垫起，用铁线绑牢，如图 6-16 所示。

当电线管路遇到建筑物伸缩缝、沉降缝时，必须相应作伸缩、沉降处理。一般是装设补偿盒。如图 6-17 所示。波纹管由地面引至墙内时安装如图 6-18 所示。

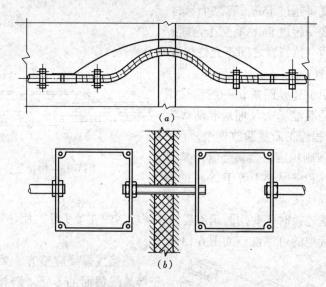

(a)

(b)

图 6-17　导管经过伸缩缝补偿装置

(a) 软管补偿；(b) 装设补偿盒补偿

2. 明配管

明配管应排列整齐、美观，固定点间距均匀。导管进接线盒如图 6-19 所示，明配钢管应采用丝扣连接。

明配钢导管经过建筑物伸缩缝时，可采用软管进行补偿。硬塑料管沿建筑物表面敷设时，在直线段上每隔 30m 要装设一只温度补偿装置，以适应其膨胀性。

明配硬塑料管在穿楼板易受机械损伤的地方应用钢管保护，其保护高度距楼板面不应低于 500mm。

（五）扫管穿线

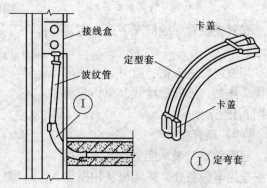

图 6-18　波纹管引至墙内做法

136

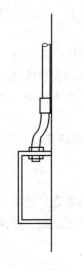

图 6-19　导管进接线盒

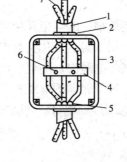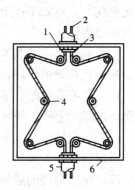

图 6-20　垂直导线的固定
(a) 固定方法之一
1—电线管；2—根母；3—接线盒；4—木制线夹；
5—护口；6—M6机螺栓；7—电线
(b) 固定方法之二
1—根母；2—电线；3—护口；4—瓷瓶；
5—电线管；6—接线盒

管内穿线工作一般应在导管全部敷设完毕及土建地坪和粉刷工程结束后进行。在穿线前应将管中的积水及杂物清除干净。

在较长的垂直管路中，为防止由于导线的本身自重拉断导线或拉松接线盒中的接头，导线每超过下列长度，应在管口处或接线盒中加以固定：导线截面 $50mm^2$ 以下为 30m；导线截面 $70 \sim 95mm^2$ 为 20m；导线截面 $120 \sim 240mm^2$ 为 18m。垂直导线的固定如图 6-20 所示。

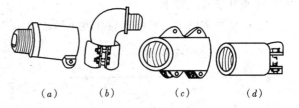

图 6-21　金属软管的各种管接头
(a) 外螺丝接头；(b) 弯接头；(c) 软管接头；(d) 内螺丝接头

钢导管与设备连接时，应将钢导管敷设到设备内；如不能直接进入时，可在钢导管出口处加金属软管或塑料软管引入设备。金属软管和接线盒等的连接要用软管接头，如图 6-21 所示。

《建筑电气工程施工质量验收规范》（GB 50303—2002）中对穿线有明确规定：

（1）不同回路、不同电压等级和交流与直流的电线，不应穿于同一导管内；同一交流回路的电线应穿于同一金属导管内，且管内电线不得有接头。

（2）有爆炸危险的环境，照明线路的电线和电缆额定电压不得低于 750V，且电线必须穿于钢导管内。

（3）电线、电缆穿管前，应清除管内杂物和积水。管口应有保护措施。不进入接线盒（箱）的垂直管口穿入电线、电缆后，管口应密封。

第二节　电缆线路施工

一、电缆敷设的一般要求

电缆的敷设方式很多，但不论哪种敷设方式，都应遵守以下规定：

（1）在电缆敷设施工前应检验电缆电压系列、型号、规格等是否符号设计要求，表面有无损伤等。对 6kV 以上的电缆，应做交流耐压和直流泄漏试验，6kV 及以下的电缆应测试其绝缘电阻。

（2）电缆进入电缆沟、建筑物、配电柜及穿管的出入口时均应进行封闭。敷设电缆时应留有一定余量的备用长度，用作温度变化引起变形时的补偿和安装检修。

（3）电缆敷设时，不应破坏电缆沟、隧道、电缆井和人井的防水层。并联使用的电力电缆，应采用型号、规格及长度都相同的电缆。

（4）电缆敷设时，应将电缆排列整齐，不宜交叉，并应按规定在一定间距上加以固定，及时装设标志牌。

二、电力电缆的敷设方式

电缆的敷设方式有直接埋地敷设、电缆隧道敷设、电缆沟敷设、电缆桥架敷设、电缆排管敷设、穿钢管、混凝土管、石棉水泥管等管道敷设，以及用支架、托架、悬挂方法敷设等。

（一）电缆直埋敷设

埋地敷设的电缆宜采用有外护层的铠装电缆。在无机械损伤的场所，可采用塑料护套电缆或带外护层的（铅、铝）包电缆。

电缆直埋敷设的施工程序如下：

电缆检查→挖电缆沟→电缆敷设→铺砂盖砖→盖盖板→埋标桩。

直埋电缆敷设要求

（1）直埋敷设时，电缆埋设深度不应小于 0.7m，穿越农田时不应小于 1m。在寒冷地区，电缆应埋设于冻土层以下。电缆沟的宽度，根据电缆的根数与散热所需的间距而定。电缆沟的形状一般为梯形，如图 6-22 所示。电缆通过有振动和承受压力的地段应穿保护管。

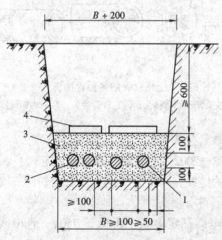

图 6-22 10kV 及以下电缆沟结构示意
1—10kV 及以下电力电缆；2—控制电缆；
3—砂或软土；4—保护板

（2）直埋电缆与铁路、公路、街道、厂区道路交叉时，穿入保护管应超出保护区段路基或街道路面两边各 1m，管的两端宜伸出道路路基两边各 2m，且应超出排水沟边 0.5m；在城市街道应伸出车道路面。保护管的内径应不小于电缆外径的 1.5 倍，使用水泥管、陶土管、石棉水泥管时，内径不应小于 100mm。电缆与铁路、公路交叉敷设的做法如图 6-23 所示。

（3）对重要回路的电缆接头，宜在其两侧约 1m 开始的局部段，按留有备用余量方式敷设电缆。电缆直埋敷设时，电缆长度应比沟槽长出 1.5% ~ 2%，作波状敷设。

（4）电缆与建筑物平行敷设时，电缆应埋设在建筑物的散水坡外。电缆进入建筑物时，所穿保护管应超出建筑物散水坡 100mm。

（5）电缆在拐弯、接头、终端和进出建筑物等地段，应装设明显的方位标志。直线段上应适当增设标桩，标桩露出地面一般为 0.15m。

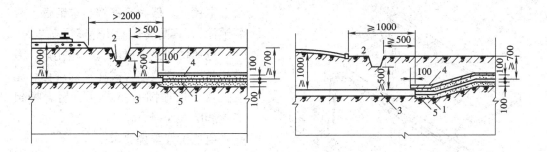

图 6-23　电缆与铁路、公路交叉敷设的做法

（a）电缆与铁路交叉；（b）电缆与公路交叉

1—电缆；2—排水沟；3—保护管；4—保护板；5—砂或软土

（二）电缆沟内敷设

电缆在专用电缆沟或隧道内敷设，是室内外常见的电缆敷设方法。电缆沟一般设在地面下，由砖砌成或由混凝土浇注而成，沟顶部用混凝土盖板封住。

（1）电缆敷设在电缆沟或隧道的支架上时，电缆应按下列顺序排列：高压电力电缆应放在低压电力电缆的上层；电力电缆应放在控制电缆的上层；强电控制电缆应放在弱电控制电缆的上层。电缆沟或隧道两侧均有支架时，1kV 以下的电力电缆与控制电缆应与 1kV 以上的电力电缆分别敷设在不同侧的支架上。室内电缆沟如图 6-24 所示。

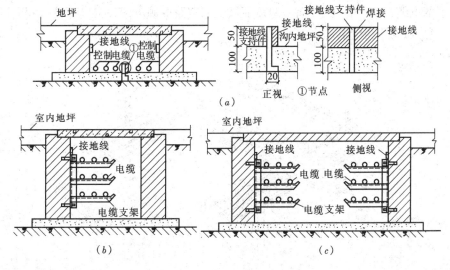

图 6-24　室内电缆沟

（a）无支架；（b）单侧支架；（c）双侧支架

（2）敷设在电缆沟的电缆与热力管道、热力设备之间的净距，平行时不应小于 1m，交叉时不应小于 0.5m。如果受条件限制，无法满足净距要求，则应采取隔热保护措施。电缆也不宜平行敷设于热力设备和热力管道上部。

（三）电缆桥架敷设

架设电缆的构架称为电缆桥架。电缆桥架按结构形式分为托盘式、梯架式、组合式、全封闭式；按材质分为钢电缆桥架和铝合金电缆桥架。在电缆桥架的表面处理上采用了镍

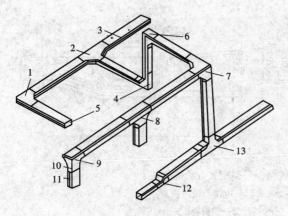

图 6-25　无孔托盘结构示意

1—水平弯通；2—水平三通；3—直线段桥架；4—垂直下弯通；5—终端板；6—垂直上弯通；7—上角垂直三通；8—上边垂直三通；9—垂直右上弯通；10—连接螺栓；11—扣锁；12—异径接头；13—下边垂直三通

合金电镀（一般为冷镀锌、电镀锌、塑料喷涂），其防腐性能比热镀提高 7 倍。

电缆桥架是金属电缆有孔托盘、无孔托盘、梯架及组合式托盘的统称。无孔托盘结构如图 6-25 所示。组合桥架布置如图 6-26 所示。

电缆桥架敷设要求：

（1）电缆桥架（托盘、梯架）水平敷设时的距地高度，一般不宜低于 2.5m；无孔托盘（槽式）桥架距地高度可降低到 2.2m。垂直敷设时应不低于 1.8m。低于上述高度时应加金属盖板保护，但敷设在电气专用房间（如配电室、电气竖井、电缆隧道、技术层）内的除外。

（2）电缆托盘、梯架经过伸缩沉降缝时，电缆桥架、梯架应断开，断开距离以 100mm 左右为宜。

（3）为保证线路运行安全，下列情况的电缆不宜敷设在同一层桥架上。1）1kV 以上和 1kV 以下的电缆；2）同一路径向一级负荷供电的双路电源电缆；3）应急照明和其他照明的电缆；4）强电和弱电电缆。

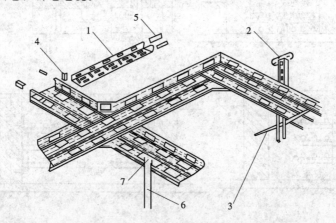

图 6-26　组合式桥架布置示意图

1—组装式托盘；2—工字钢立柱；3—托臂；4—直角板；5—直角板；6—引线管；7—管接头

（4）电缆桥架内的电缆应在首端、尾端、转弯及每隔 50m 处，设置编号、型号、规格及起止点等标记。电缆桥架在穿过防火墙及防火楼板时，应采取防火隔离措施。

三、电力电缆的连接

电缆敷设完毕后各线段必须连接为一个整体。电缆线路两个首末端称为终端，中间的接头则称为中间接头。其主要作用是确保电缆密封、线路畅通。电缆接头处的绝缘等级，应符合要求使其安全可靠地运行。

电缆头外壳与电缆金属护套及铠装层均应良好接地。接地线截面不宜小于 10mm^2。

四、电力电缆的试验

电缆线路施工完毕，经试验合格后办理交接验收手续方可投入运行。电力电缆的试验项目如下：（1）测量绝缘电阻；（2）直流耐压试验并测量泄漏电流；（3）检查电缆线路的相位，要求两端相位一致，并与电网相位相吻合。

第三节 母 线 安 装

一、硬母线安装

硬母线通常作为变配电装置的配电母线，一般多采用硬铝母线。当安装空间较小，电流较大或有特殊要求时，可采用硬铜母线。硬母线还可作为大型车间和电镀车间的配电干线。

1. 支持绝缘子的安装

硬母线用绝缘子支承，母线的绝缘子有高压和低压两种。支持绝缘子一般安装在墙上，配电柜金属支架或建筑物的构架上，用以固定母线或电气设备的导电部分，并与地绝缘。

支架通常采用镀锌角钢或扁钢，根据设计施工图制作。支架安装的间距要求是：母线为水平敷设时，不应超过 3m；垂直敷设时，不应超过 2m；或根据设计确定。绝缘子支架安装如图 6-27 所示。

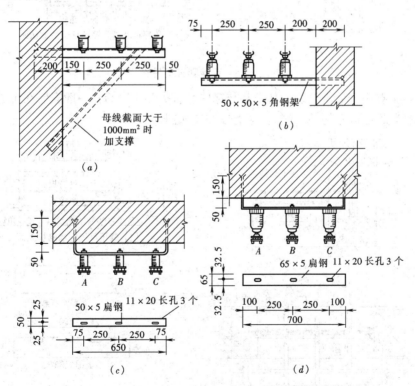

图 6-27 绝缘子支架安装

（a）低压绝缘子支架水平安装图；（b）高压绝缘子支架水平安装图；
（c）低压绝缘子支架垂直安装图；（d）高压绝缘子支架垂直安装图

绝缘子安装包括开箱、检查、清扫、绝缘摇测、组合开关、固定、接地、刷漆。

2.穿墙套管和穿墙板的安装

穿墙套管和穿墙板是高低压引入（出）室内或导电部分穿越建筑物或其他物体时的引导件。

穿墙套管主要用于 10kV 及以上电压的母线或导线。穿墙套管的类别按安装场所分为室内型和室外型；按结构分为软导线穿墙套管和硬母线穿墙套管。

穿墙套管安装包括开箱、检查、清扫、安装固定、接地、刷漆。穿墙套管安装如图 6-28 所示。

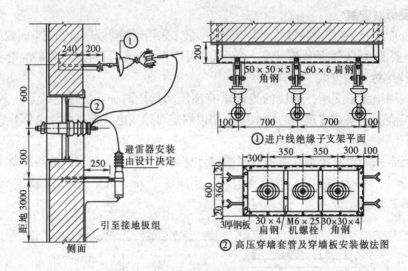

图 6-28　穿墙套管安装图

穿墙板主要用于低压母线，其安装与穿墙套管类似，穿墙板一般安装在土建隔墙的中心线上（或装设在墙面的某一侧）。穿墙板安装如图 6-29 所示。

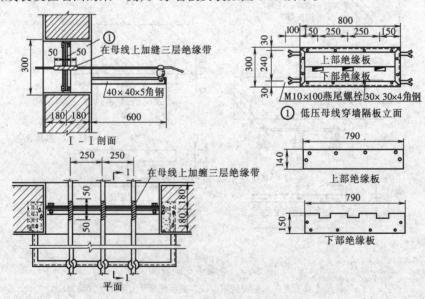

图 6-29　低压母线穿墙板安装图

3．硬母线安装

硬母线安装包括平直、下料、煨弯、母线安装、接头、刷分相漆。

安装母线时，先在支持绝缘子上安装固定母线的专用金具，然后将母线固定在金具上。母线安装时应符合下列要求：（1）水平安装的母线可在金具内自由伸缩，以便当母线温度变化时使母线有伸缩余地，不致拉坏绝缘子。（2）母线垂直安装时要用金具夹紧。（3）当母线较长时应装设母线补偿器，以适应母线温度变化的伸缩需要。（4）母线连接螺栓的松紧程度应适宜。

母线的固定方法有螺栓固定、卡板固定和夹板固定。母线的安装固定如图6-30所示。

由于母线的装设环境和条件有所不同，为保证硬母线的安全运行和安装方便，有时还需装设母线补偿器和母线拉紧装置等设备。母线伸缩补偿器如图6-31所示。

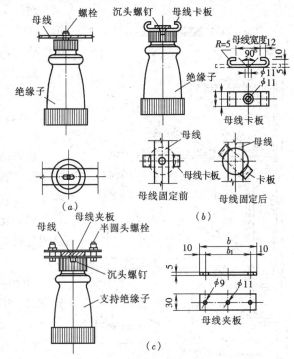

图6-30　母线的安装固定
（a）螺栓固定；（b）卡板固定；（c）夹板固定

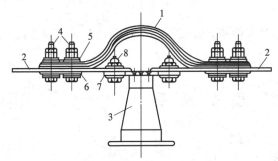

图6-31　母线伸缩补偿器
1—补偿器；2—母线；3—支持绝缘子；4—螺栓；
5—垫圈；6—衬垫；7—盖板；8—螺栓

《建筑电气工程施工质量验收规范》（GB 50303—2002）中指出，母线的相序排列及涂色，当设计无要求时应符合下列规定：

（1）上、下布置的交流母线，由上至下排列为A、B、C相；直流母线正极在上，负极在下；

（2）水平布置的交流母线，由盘后向盘前排列为A、B、C相；直流母线正极在后，负极在前；

（3）面对引下线的交流母线，由左至右排列为A、B、C相；直流母线正极在左，负极在右；

（4）母线的涂色：交流，A相为黄色、B相为绿色、C相为红色；直流，正极为褐色、负极为蓝色；在连接处或支持件边缘两侧10mm以内不涂色。

二、封闭插接母线安装

封闭式母线是一种以组装插接方式引接电源的新型电器配线装置，供额定电压380V，额定电流2500A及以下的三相四线配电系统传输电能用。封闭母线由封闭外壳、母线本体、进线盒、出线盒、插座盒、安装附件组成。

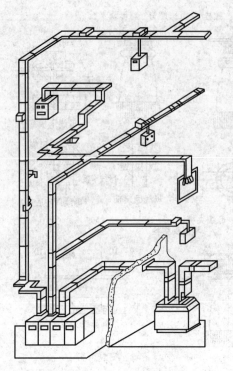

图 6-32 封闭插接母线安装示意图

封闭母线有单相二线制、单相三线制、三相三线、三相四线及三相五线制等制式，可根据需要选用。

封闭母线的施工程序为：

设备开箱检查调整→支架制作安装→封闭插接母线安装→通电测试检验。

（一）母线支架制作安装

封闭插接母线的固定形式有垂直和水平安装两种，其中水平悬吊式分为直立式和侧卧式两种。垂直安装有弹簧支架固定以及母线槽沿墙支架固定两种。支架可以根据用户要求由厂家配套供应，也可以自制，采用角钢和槽钢制作。

封闭插接母线直线段水平敷设或沿墙垂直敷设时，应用支架固定。

（二）封闭插接母线安装

封闭插接母线水平敷设时，至地面的距离不应小于 2.2m，垂直敷设时距地面 1.8m。母线应按设计和产品技术规定组装，组装前应逐段进行绝缘测试，其绝缘电阻值不得小于 0.5MΩ。封闭式插接母线应按分段图、相序、编号、方向和标志正确放置。封闭式插接母线安装如图 6-32 所示。

（三）通电测试检验

封闭插接母线安装完毕后，必须要通电测试检验，如技术指标均满足要求，方能投入运行。

第四节 建筑电气照明

一、照明方式和种类

1. 照明方式

根据工作场所对照度的不同要求，照明方式可分为三种方式。

（1）一般照明。在工作场所设置人工照明时，只考虑整个工作场所对照明的基本要求，而不考虑局部场所对照明的特殊要求，这种人工设置的照明称为一般照明。

采用一般照明方式时，要求整个工作场所的灯具采用均匀布置的方案，以保证必要的照明均匀度。

（2）局部照明。在整个工作场所内，某些局部工作部位对照度有特殊要求时，为其所设置的照明，称为局部照明。例如，在工作台上设置工作台灯，在商场橱窗内设置的投光照明，都属于局部照明。

（3）混合照明。在整个工作场所内，既设置一般照明又设置局部照明的，称为混合照明。

三种照明方式如图 6-33 所示。

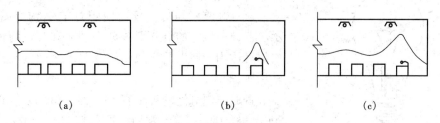

图 6-33　三种照明方式的分布
(*a*) 一般照明；(*b*) 局部照明；(*c*) 混合照明

2. 照明种类

照明种类按其功能划分为：正常照明、应急照明、值班照明、警卫照明、障碍照明、装饰照明和艺术照明等。

(1) 正常照明。指保证工作场所正常工作的室内外照明。正常照明一般单独使用，也可与应急照明和值班照明同时使用，但控制线路必须分开。

(2) 应急照明。在正常照明因故障停止工作时使用的照明称为应急照明。应急照明又分为：

1) 备用照明。备用照明是在正常照明发生故障时，用以保证正常活动继续进行的一种应急照明。凡存在因故障停止工作而造成重大安全事故，或造成重大政治影响和经济损失的场所必须设置备用照明，且备用照明提供给工作面的照度不能低于正常照明照度的10%。

2) 安全照明。在正常照明发生故障时，为保证处于危险环境中的工作人员的人身安全而设置的一种应急照明，称为安全照明，其照度不应低于一般照明正常照度的 5%。

(3) 值班照明。在非工作时间供值班人员观察用的照明称为值班照明。值班照明可单独设置，也可利用正常照明中能单独控制的一部分或利用应急照明的一部分作为值班照明。

(4) 警卫照明。用于警卫区内重点目标的照明称为警卫照明，通常可按警戒任务的需要，在警卫范围内装设，应尽量与正常照明合用。

(5) 障碍照明。为保证飞行物夜航安全，在高层建筑或烟囱上设置障碍标志的照明称为障碍照明。一般建筑物或构筑物的高度超过 60m 时，需装设障碍照明，且应装设在建筑物或构筑物最高部位。

(6) 装饰照明。为美化和装饰某一特定空间而设置的照明。装饰照明可以是正常照明和局部照明的一部分。

(7) 艺术照明。通过运用不同的灯具、不同的投光角度和不同的光色，制造出一种特定空间气氛的照明。

二、照明光源及照明灯具

1. 电光源的分类

根据光的产生原理，电光源主要分为两大类。一类是热辐射光源，利用物体加热时辐射发光的原理所制造的光源，包括白炽灯和卤钨灯。另一类是气体放电光源，利用气体放电时发光的原理所制造的光源，如荧光灯、高压汞灯、高压钠灯、金属卤化物灯和氙灯都属此类光源。

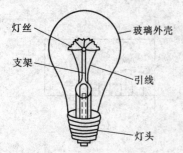

灯丝 —— 玻璃外壳

支架 ——

—— 引线

—— 灯头

图 6-34 普通白炽灯结构

2. 常见电光源

(1) 普通白炽灯。普通白炽灯的结构如图 6-34 所示。普通白炽灯的灯头形式分为插口和螺口两种。普通白炽灯适用于照度要求较低、开关次数频繁及其他室内外场所。

普通白炽灯泡的规格有 15、25、40、60、100、150、200、300、500W 等。常用型号有 PZ220、PQ220 等。

(2) 卤钨灯。其工作原理与普通白炽灯一样，其突出特点是在灯管（泡）内充入惰性气体的同时加入了微量的卤素物质，所以称为卤钨灯。目前国内用的卤钨灯主要有两类：一类是灯内充入微量碘化物，称为碘钨灯，如图 6-35 所示；另一类是灯内充入微量溴化物，称为溴钨灯。卤钨灯多制成管状，灯管的功率一般都比较大，适用于体育场、广场、机场等场所。常用卤钨灯型号是 LZG220。

(3) 荧光灯。荧光灯的构造如图 6-36 所示。荧光灯主要类型有直管型荧光灯、异型荧光灯和紧凑型荧光灯等。直管型荧光灯品种较多，在一般照明中使用非常广泛。直管型荧光灯有日光色、白色、暖白色及彩色等多

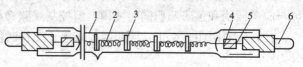

图 6-35 碘钨灯构造
1—石英玻璃管；2—灯丝；3—支架；
4—钼箔；5—导丝；6—电极

种灯管。异型荧光灯主要有 U 形和环形两种，不但便于照明布置，而且更具装饰作用。紧凑型荧光灯是一种新型光源，有双 U 形、双 D 形、H 形等，具有体积小、光效高、造型美观、安装方便等特点，有逐渐代替白炽灯的发展趋势。

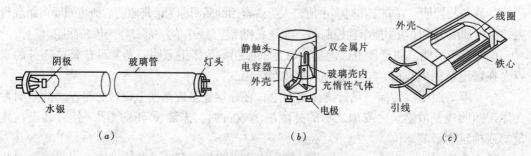

阴极   玻璃管   灯头

水银

(a)

静触头   双金属片
电容器
外壳   玻璃壳内充惰性气体

电极

(b)

外壳   线圈

铁心

引线

(c)

图 6-36 荧光灯的构造
(a) 灯管；(b) 启动器；(c) 镇流器

(4) 高压汞灯。又称高压水银灯，靠高压汞气体放电而发光。按结构可分为外镇流式和自镇流式两种，如图 6-37 所示。自镇流式高压汞灯使用方便，在电路中不用安装镇流器，适用于大空间场所的照明，如礼堂、展览馆、车间、码头等。常用型号有 GGY50、GGY80 等。

(5) 钠灯。钠灯是在灯管内放入适量的钠和惰性气体，故称为钠灯。钠灯分为高压钠灯和低压钠灯两种，具有省电、光效高、透雾能力强等特点，适用于道路、隧道等场所照明。常用型号有 NG-110、NG-250 等。

（6）金属卤化物灯。金属卤化物灯的结构与高压汞灯非常相似，除了在放电管中充入汞和氩气外，还填充了各种不同的金属卤化物。按填充的金属卤化物的不同，主要有钠铊铟灯、镝灯、钪钠灯等。

（7）氙灯。氙灯是一种弧光放电灯，在放电管两端装有钍钨棒状电极，管内充有高纯度的氙气。具有功率大、光色好、体积小、亮度高、启动方便等优点，被人们誉为"小太阳"。氙灯多用于广场、车站、码头、机场等大面积场所照明。

（8）霓虹灯。又称氖气灯、年红灯。霓虹灯并不是照明用光源，但常用于建筑灯光装饰、娱乐场所装饰、商业装饰，是用途最广泛的装饰彩灯。

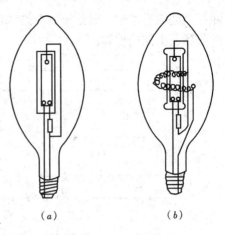

图 6-37　高压汞灯的构造
（a）自镇流式；（b）外镇流式

3. 照明灯具

照明灯具主要由灯座和灯罩等部件组成。灯具的作用是固定和保护电源、控制光线、将光源光通量重新分配，以达到合理利用和避免眩光的目的。按其结构特点可分为开启式、闭合式（保护式）、封闭式、密闭式、防爆式等，如图 6-38 所示。常用的照明灯具主要有工厂灯、荧光灯、建筑灯等类型，其技术数据主要包括产品名称、型号、规格等。

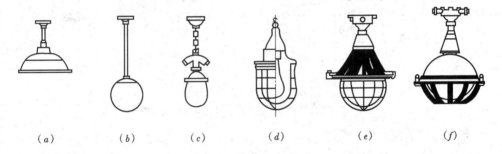

（a）　　　（b）　　　（c）　　　（d）　　　（e）　　　（f）

图 6-38　按灯具结构特点分类的灯型
（a）开启型；（b）闭合型；（c）密闭型；（d）防爆型；（e）隔爆型；（f）安全型

三、电气照明基本控制线路

电气照明的控制通常是根据其线路的不同采用灯开关、组合开关、负荷开关及交流接触器等开关电器进行控制。灯开关的基本控制线路有单处控制单灯线路、两处控制单灯线路和三处控制单灯线路等形式。

1. 单处控制单灯线路

单处控制单灯线路由一个单极单控开关组成，可在一处控制一盏（或一组）灯，如图 6-39 所示。单处控制单灯线路是使用最普遍的一种照明控制线路，接线时开关必须接在相线上，确保开关断开后灯头不带电。

2. 两处控制单灯线路

两处控制单灯线路由两个单极双控开关组成，可在两处同时控制一盏（或一组）灯，相互之间没有影响。两处控制单灯线路如图 6-40 所示。该线路通常用于楼梯、走廊、床头等场所的照明控制。

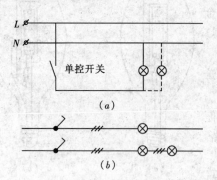

图 6-39 单处控制单灯线路
（a）原理接线图；（b）平面示意图

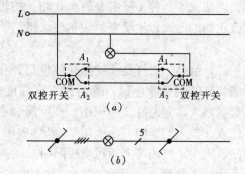

图 6-40 两处控制单灯线路
（a）原理接线图；（b）平面示意图

3. 三处控制单灯线路

三处控制单灯线路由两个单极双控开关和一个双极双控开关组成，可在三处同时控制一盏（或一组）灯，如图 6-41 所示。该线路可用于三跑楼梯或较长走廊的照明控制。

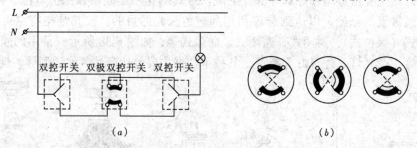

图 6-41 三处控制单灯线路
（a）原理接线图；（b）双极双控开关动作顺序示意图

4. 带指示灯的照明控制线路

该控制线路由带指示灯的灯开关组成，其指示回路由氖灯和限流电阻串联组成，如图 6-42 所示。可用于在夜间指示开关的方位（简称方位指示），或用于指示负载的通断状态（简称电流指示）。

（1）单控开关方位指示。用带指示灯的照明控制线路能在夜间指示开关所处的方位，如图 6-42（a）所示。其工作过程是当照明灯熄灭时，指示灯点亮（指示灯开关的方位）；当照明灯点亮时，指示灯则熄灭。

（2）单控开关电流指示。用带指示灯的照明开关控制线路能指示负载的通断状态，如图 6-42（b）所示。当照明灯点亮时，指示灯同时点亮（指示照明灯的通断状态）；当照明灯熄灭时，指示灯同时熄灭。

（3）双控开关带指示灯。双控开关带指示灯的照明基本控制线路如图 6-42（c）所示，该控制线路能指示双控开关所处的方位。

5. 楼梯灯兼作应急疏散照明的控制线路

高层住宅楼梯灯往往兼作应急灯作疏散照明。楼梯灯一般采用节能延时开关控制。当

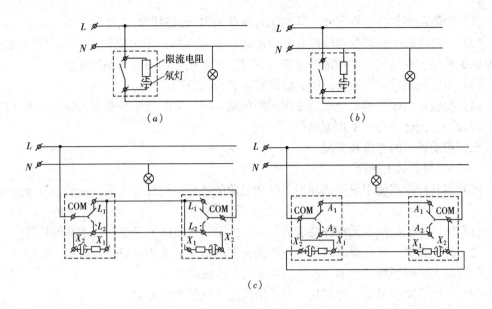

图 6-42 带指示灯照明控制线路

（a）单控开关方位指示；（b）单控开关电流指示；（c）双控开关带指示灯

发生火灾时，由于正常照明电源停电，可将应急照明电源强行切入线路
供电，使楼梯灯点亮作为疏散照明。其控制原理如图 6-43 所示。在正常
照明时，楼梯灯通过接触器的常闭触头供电，由于接触器常开触头不接
通而使应急电源处于备用供电状态。当正常照明停电后，接触器得电动
作，其常闭触点断开，常开触点闭合，应急照明电源接入楼梯灯线路，
使楼梯灯直接点亮，作为火灾时的疏散照明。

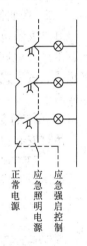

图 6-43 楼梯灯
兼做应急疏散照
明控制原理图

四、照明线路的控制及保护

1. 照明线路的控制

《民用建筑电气设计规范》（JGJ/T16—92）中对照明线路的控制和保
护有以下要求：

（1）三相照明线路各相负荷的分配，宜保持平衡，在每个分配电盘
中的最大与最小相的负荷电流差不宜超过 30%。

（2）每栋建筑在电源引入配电箱处应设有电源总切断开关，各层应
分别设置电源切断开关。

（3）照明系统中的每一单相回路，不宜超过 16A，灯具为单独回路
时不宜超过 25 个。大型建筑组合灯具每一单相回路不宜超过 25A，光源数量不宜超过 60
个。建筑物轮廓灯每一单相回路不宜超过 100 个。

当灯具和插座混为一回路时，其中插座数量不宜超过 5 个（组）。

当插座为单独回路时，数量不宜超过 10 个（组）。

（4）插座宜由单独的回路配电，并且一个房间内的插座宜由同一回路配电。

（5）备用照明、疏散照明的回路上不应设置插座。

2. 照明线路的保护

（1）为防范而设有监视器时，其功能宜与单元内通道照明灯和警铃联动。

（2）每户内的一般照明与插座宜分开配线，并且在每户的分支回路上除应装有过载、短路保护外还应在插座中装设漏电保护和有过、欠电压保护功能的保护装置。

（3）重要图书馆应设应急照明、值班照明和警卫照明。

（4）实验室内教学用电应采用专用回路配电。电气实验或非电专业实验室有电气设备的实验台上，配电回路应采用漏电保护装置。

五、照明器具的选择和安装

（一）照明器具的选择

照明器具应根据使用场所的环境条件和光源的特征进行综合选用，一般应符合下列条件：

（1）民用建筑照明中无特殊要求的场所，宜采用光效高的光源和效率高的灯具。

（2）开关频繁、要求瞬时启动和连续调光等场所，宜采用白炽灯和卤钨灯光源。

（3）高大空间场所的照明，应采用高光效气体放电光源。

（4）大型场库应采用防燃灯具，应采用高光效气体放电光源。

（5）应急照明必须选用能瞬时启动的电光源，若应急照明作为正常照明的一部分，并且应急照明和正常照明不出现同时断电时，应急照明可选用其他光源。

（二）照明器具的安装

灯具安装包括普通灯具安装、装饰灯具安装、荧光灯具安装、工厂灯及防水防尘灯安装、工厂其他灯具安装、医院灯具安装和路灯安装等。常用安装方式有悬吊式、壁装式、吸顶式、嵌入式等。悬吊式的又可以分为软线吊灯、链吊灯、管吊灯。灯具安装方式如图6-44所示。

1. 吊灯的安装

吊灯安装包括软吊线白炽灯、吊链白炽灯、防水软线白炽灯；其主要配件有吊线盒、

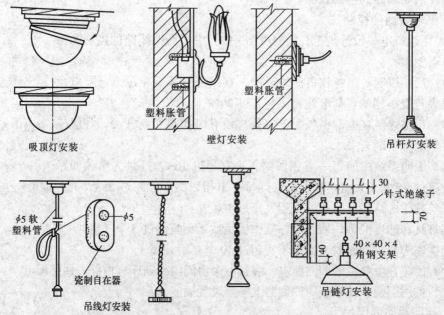

图6-44 灯具安装方式

木台、灯座等。吊灯的安装程序是测定、划线、打眼、埋螺栓、上木台、灯具安装、接线、接焊包头。依据《建筑电气工程施工质量验收规范》（GB 50303—2002），对吊灯的安装要求是：

（1）灯具重量大于 3kg 时，固定在螺栓或预埋吊钩上；

（2）软线吊灯，灯具重量在 0.5kg 及以下时，采用软电线自身吊装；大于 0.5kg 的灯具采用吊链，且软电线编叉在吊链内，使电线不受力；

（3）灯具固定牢固可靠，不使用木楔。每个灯具固定用螺钉或螺栓不少于 2 个；当绝缘台直径在 75mm 及以下时，采用 1 个螺钉或螺栓固定。

（4）花灯吊钩圆钢直径不应小于灯具挂销直径，且不应小于 6mm。大型花灯的固定及悬吊装置，应按灯具重量的 2 倍做过载试验。

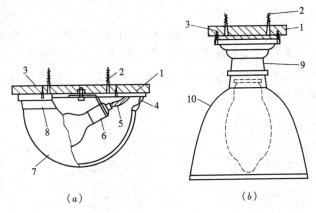

图 6-45　吸顶灯的安装
（a）半圆吸顶灯；（b）半扁罩灯
1—圆木；2—固定圆木用螺钉；3—固定灯架用木螺钉；4—灯架；
5—灯头引线；6—管接式瓷质螺口灯座；7—玻璃灯罩；8—固定
灯罩用机螺丝；9—铸铝壳瓷质螺口灯座；10—搪瓷灯罩

2. 吸顶灯的安装

吸顶灯安装包括圆球吸顶灯、半圆球吸顶灯以及方形吸顶灯等。吸顶灯的安装程序与吊灯基本相同。对装有白炽灯的吸顶灯具，灯泡不应紧贴灯罩；当灯泡与绝缘台间距离小于 5mm 时，灯泡与绝缘台间应采取隔热措施，如图 6-45 所示。

3. 壁灯的安装

壁灯可安装在墙上或柱子上。安装在墙上时，一般在砌墙时应预埋木砖，禁止用木楔代替木砖，也可以预埋螺栓或用膨胀螺栓固定。安装在柱子上时，一般在柱子上预埋金属构件或用抱箍将金属构件固定在柱子上，然后再将壁灯固定在金属构件上。同一工程中成排安装的壁灯，安装高度应一致，高低差不应大于 5mm。

4. 荧光灯的安装

荧光灯的安装方法有吸顶式、嵌入式、吊链式和吊管式。应注意灯管、镇流器、启辉器、电容器的互相匹配，不能随便代用。特别是带有附加线圈的镇流器，接线不能接错，否则会毁坏灯管。

5. 嵌入式灯具的安装

嵌入顶棚内的灯具应固定在专设的框架上，导线不应贴近灯具外壳，且在灯盒内应留有余量，灯具的边框应紧贴在顶棚面上。矩形灯具的边框宜与顶棚面的装饰直线平行，其偏差不应大于 5mm。

为了保证用电安全，《建筑电气工程施工质量验收规范》（GB 50303—2002）中对灯具的安装有以下规定：

（1）一般敞开式灯具，灯头对地面距离不小于下列数值（采用安全电压时除外）：1）

室外，2.5m；2）厂房，2.5m；3）室内，2m；4）软吊线带升降器的灯具在吊线展开后，0.8m。

（2）危险性较大及特殊危险场所，当灯具距地面高度小于 2.4m 时，使用额定电压为 36V 及以下的照明灯具，或有专用保护措施。

（3）当灯具距地面高度小于 2.4m 时，灯具的可接近裸露导体必须接地（PE）可靠或接零（PEN）可靠，并应有接地螺栓，且有标识。

6. 灯开关的安装

灯开关按其安装方式可分为明装开关和暗装开关两种；按其开关操作方式又有拉线开关、扳把开关、跷板开关、声光控开关、节能开关、床头开关等；按其控制方式有单控开关和双控开关；按灯具开关面板上的开关数量可分为单联开关、双联开关、三联开关和四联开关等。

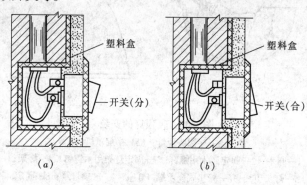

图 6-46 跷板开关通断位置
（a）开关处在断开位置；（b）开关处在闭合位置

灯开关安装位置应便于操作，开关边缘距门框的距离宜为 0.15 ～ 0.2m；开关距地面高度宜为 1.3m；拉线开关距地面高度宜为 2 ～ 3m，且拉线出口应垂直向下。

为了装饰美观，安装在同一建筑物、构筑物内的开关，宜采用同一系列的产品，开关的通断位置应一致，且操作灵活、接触可靠。并列安装的相同型号开关距地面高度应一致，高度差不应大于 1mm；同一室内安装的开关高度差应不大于 5mm；并列安装的拉线开关的相邻间距不应小于 20mm。

跷板式开关只能暗装，其通断位置如图 6-46 所示。扳把开关可以明装也可暗装，但不允许横装。扳把向上时表示开灯，向下时表示关灯，如图 6-47 所示。

（三）插座的安装

插座是各种移动电器的电源接取口，插座的分类有单相双孔插座、单相三孔插座、三相四孔插座、三相五孔插座、防爆插座、地插座、安全型插座等。插座的规格有 10、15、30、60A 等（单相、三相插座相同）。插座的安装分为明装和暗装。插座的安装程序是：测位、划线、打眼、埋螺栓、清扫盒子、上木台、装钢丝弹簧垫、装插座、接线、装盖。

1.《建筑电气工程施工质量验收规范》（GB 50303—2002）中指出，插座的安装应符合下列规定：

（1）当不采用安全型插座时，托儿所、幼儿园及小学等儿童活动场所的插座安装高度不小于 1.8m；

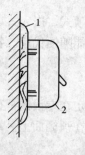 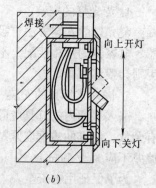

图 6-47 扳把开关安装
（a）明装；（b）暗装

152

（2）车间及试（实）验室的插座安装高度距地面不小于 0.3m；特殊场所暗装的插座不小于 0.15m；同一室内插座安装高度一致；

（3）插座面板与地面齐平或紧贴地面，盖板固定牢固，密封良好。

（4）当交流、直流或不同电压等级的插座安装在同一场所时，应有明显的区别，且必须选择不同结构、不同规格和不能互换的插座；其配套的插头，应按交流、直流或不同电压等级区别使用。

2. 插座的接线应符合下列要求：

（1）单相两孔插座，面对插座的右孔或上孔与相线连接，左孔或下孔与零线连接；单相三孔插座，面对插座的右孔与相线连接，左孔与零线连接。

（2）单相三孔、三相四孔及三相五孔插座的接地线或接零线均应接在上孔，如图 6-48 所示。插座的接地端子不应与零线端子直接连接。

（3）接地（PE）或接零（PEN）线在插座间不串联连接。

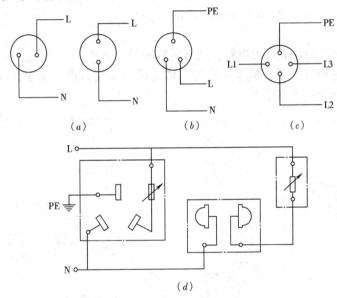

图 6-48　插座接线

（a）单相两孔插座；（b）单相三孔插座；（c）三相四孔插座；（d）安全型插座

六、配电箱安装

（一）配电箱类型

配电箱按用途不同可分为电力配电箱和照明配电箱两种；根据安装方式不同可分为悬挂式（明装）、嵌入式（暗装）以及落地式；根据制作材质可分为铁质、木质及塑料制品。施工现场应用较多的是铁制配电箱。另外，配电箱按产品还可划分为成套配电箱和非成套配电箱。成套配电箱是由工厂成套生产组装的；非成套配电箱是根据实际需要来设计制作。常用的标准照明配电箱有：XXM 型、XRM 型、PXT 型和 XX（R）P 等型号。

（二）安装要求

《建筑电气工程施工质量验收规范》（GB 50303—2002）对照明配电箱（盘）的安装有明确要求：

（1）位置正确，部件齐全，箱体开孔与导管管径适配，暗装配电箱箱盖紧贴墙面，箱（盘）涂层完整；

（2）箱（盘）内接线整齐，回路编号齐全，标识正确；

（3）箱（盘）不采用可燃材料制作；

（4）箱（盘）安装牢固，垂直度允许偏差为 1.5‰；底边距地面为 1.5m，照明配电板底边距地面不小于 1.8m；

（5）箱（盘）内配线整齐，无绞接现象。导线连接紧密，不伤芯线，不断股。垫圈下螺钉两侧压的导线截面积相同，同一端子上导线连接不多于 2 根，防松垫圈等零件齐全；

（6）箱（盘）内开关动作灵活可靠，带有漏电保护的回路，漏电保护装置动作电流不大于 30mA，动作时间不大于 0.1s。

（7）照明箱（盘）内，分别设置零线（N）和保护地线（PE 线）汇流排，零线和保护地线经汇流排配出。

（三）安装程序

施工现场常使用的是成套配电箱，其安装程序是：

成套铁制配电箱箱体现场预埋→管与箱体连接→安装盘面→装盖板（贴脸及箱门）。图 6-49 是几种常见配电箱的安装。

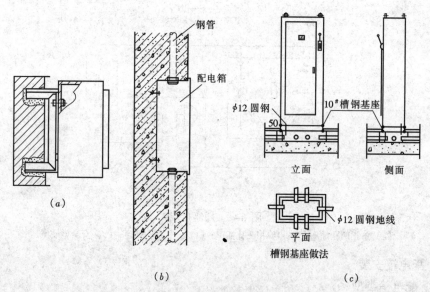

图 6-49 配电箱的安装
（a）悬挂式；（b）嵌入式；（c）落地式

第五节 建筑电气施工图

一、电气工程施工图的组成及内容

电气工程施工图的组成主要包括：图纸目录、设计说明、图例材料表、系统图、平面图和安装大样图（详图）等。

1. 图纸目录

图纸目录的内容是：图纸的组成、名称、张数、图号顺序等，绘制图纸目录的目的是便于查找。

2. 设计说明

设计说明主要阐明单项工程的概况、设计依据、设计标准以及施工要求等，主要是补充说明图面上不能利用线条、符号表示的工程特点、施工方法、线路、材料及其他注意事项。

3. 图例材料表

主要设备及器具在表中用图形符号表示，并标注其名称、规格、型号、数量、安装方式等。

4. 平面图

平面图是表示建筑物内各种电气设备、器具的平面位置及线路走向的图纸。平面图包括总平面图、照明平面图、动力平面图、防雷平面图、接地平面图、智能建筑平面图（如电话、电视、火灾报警、综合布线平面图）等。

5. 系统图

系统图是表明供电分配回路的分布和相互联系的示意图。具体反映配电系统和容量分配情况、配电装置、导线型号、导线截面、敷设方式及穿管管径，控制及保护电器的规格型号等。系统图分为照明系统图、动力系统图、智能建筑系统图等。

6. 详图

详图是用来详细表示设备安装方法的图纸，详图多采用全国通用电气装置标准图集。

二、电气施工图的表示

1. 常用图线

绘制电气图所用的各种线条统称为图线。常用图线见表 6-3。

图线形式及应用   表 6-3

图线名称	图线形式	图线应用	图线名称	图线形式	图线应用
粗实线	——————	电气线路，一次线路	点划线	—·—·—··	控制线
细实线	——————	二次线路，一般线路	双点划线	—··—··—	辅助围框线
虚　线	------	屏蔽线路，机械线路			

2. 图例符号和文字符号

电气施工图上的各种电气元件及线路敷设均是用图例符号和文字符号来表示，识图的基础是首先要明确和熟悉有关电气图例与符号所表达的内容和含义。常用电气图例符号见表 6-4。

图 例	名 称	备 注	图 例	名 称	备 注
	双绕组变压器	形式 1 形式 2		接触器（在非动作位置触点断开）	
	三绕组变压器	形式 1 形式 2		断路器	
				熔断器一般符号	
	电流互感器 脉冲变压器	形式 1 形式 2		熔断器式开关	
				熔断器式隔离开关	
—TV —TV	电压互感器	形式 1 形式 2		避雷器	
	屏、台、箱、柜一般符号		MDF	总配线架	
	动力或动力—照明配电箱		IDF	中间配线架	
	照明配电箱（屏）			壁龛交接箱	
	事故照明配电箱（屏）			分线盒的一般符号	
	电源自动切换箱（屏）			室内分线盒	
	隔离开关			室外分线盒	

图　例	名　称	备　注	图　例	名　称	备　注
⊗	灯的一般符号		⌐	单相插座	
●	球形灯			暗装	
◗	天棚灯			密闭（防水）	
⊘	花灯			防爆	
◯	弯灯			带保护接点插座	
⊢──⊣	荧光灯			带接地插孔的单	
▤	三管荧光灯			相插座（暗装）	
⊢ 5 ⊣	五管荧光灯			密闭（防水）	
◓	壁灯			带接地插孔的三相插座	
⊘	广照型灯（配照型灯）			带接地插孔的三相插座（暗装）	
⊗	防水防尘灯			插座箱（板）	
⌐○	开关一般符号		Ⓐ	指示式电流表	
⌐○	单极开关		Ⓥ	指示式电压表	
⌐●	单极开关（暗装）		(cosφ)	功率因数表	
⌐○	双极开关		Wh	有功电能表（瓦时计）	
⌐●	双极开关（暗装）			电信插座的一般符号可用以下的文字或符号区别不同插座 TP—电话 FX—传真 M—传声器 FM—调频 TV—电视	
⌐○	三极开关				

图 例	名 称	备 注	图 例	名 称	备 注
	三极开关（暗装）			扬声器	
	单极限时开关			手动火灾报警按钮	
	调光器			水流指示器	
	钥匙开关			火灾报警控制器	
	电铃			火灾报警电话机（对讲电话机）	
	天线一般符号		EEL	应急疏散指示标志灯	
	放大器一般符号		EL	应急疏散照明灯	
	两路分配器，一般符号			消火栓	
	三路分配器			电线、电缆、母线、传输通路、一般符号	
	四路分配器			三根导线	
	匹配终端			三根导线	
	传声器一般符号			n 根导线	
	扬声器一般符号			接地装置 (1) 有接地极 (2) 无接地极	
	感烟探测器				
	感光火灾探测器				

图　例	名　　称	备　注	图　例	名　　称	备　注
⊄	气体火灾探测器（点式）		F	电话线路	
CT	缆式线型定温探测器		V	视频线路	
↓	感温探测器		B	广播线路	

线路敷设方式文字符号见表 6-5。

线路敷设方式文字符号 表 6-5

敷设方式	新符号	旧符号	敷设方式	新符号	旧符号
穿焊接钢管敷设	SC	G	电缆桥架敷设	CT	
穿电线管敷设	MT	DG	金属线槽敷设	MR	GC
穿硬塑料管敷设	PC	VG	塑料线槽敷设	PR	XC
穿阻燃半硬聚氯乙烯管敷设	FPC	ZYG	直埋敷设	DB	
穿聚氯乙烯塑料波纹管敷设	KPC		电缆沟敷设	TC	
穿金属软管敷设	CP		混凝土排管敷设	CE	
穿扣压式薄壁钢管敷设	KBG		钢索敷设	M	

线路敷设部位文字符号见表 6-6。

线路敷设部位文字符号 表 6-6

敷设方式	新符号	旧符号	敷设方式	新符号	旧符号
沿或跨梁（屋架）敷设	AB	LM	暗敷设在墙内	WC	QA
暗敷设在梁内	BC	LA	沿天棚或顶板面敷设	CE	PM
沿或跨柱敷设	AC	ZM	暗敷设在屋面或顶板内	CC	PA
暗敷设在柱内	CLC	ZA	吊顶内敷设	SCE	
沿墙面敷设	WS	QM	地板或地面下敷设	F	DA

标注线路用途的文字符号见表 6-7。

标注线路用途文字符号 表 6-7

名　称	常用文字符号			名　称	常用文字符号		
	单字母	双字母	三字母		单字母	双字母	三字母
控制线路		WC		电力线路		WP	
直流线路		WD		广播线路		WS	
应急照明线路	W	WE	WEL	电流线路	W	WV	
电话线路		WF		插座线路		WX	
照明线路		WL					

线路的文字标注基本格式为：$ab - c\ (d \times e + f \times g)\ i - jh$

其中　a——线缆编号；

　　　b——型号；

c——线缆根数；

d——线缆线芯数；

e——线芯截面（mm^2）；

f——PE、N线芯数；

g——线芯截面（mm^2）；

i——线路敷设方式；

j——线路敷设部位；

h——线路敷设安装高度（m）。

上述字母无内容时则省略该部分。

例：N_1 BLX-3×4-SC20-WC 表示有 3 根截面为 $4mm^2$ 的铝芯橡皮绝缘导线，穿直径为 20mm 的水煤气钢管沿墙暗敷设。

用电设备的文字标注格式为：$\dfrac{a}{b}$

其中：a——设备编号；

b——额定功率（kW）。

动力和照明配电箱的文字标注格式为：$a—b—c$

其中：a——设备编号；

b——设备型号；

c——设备功率（kW）。

例：$3\dfrac{XL\text{-}3\text{-}2}{35.165}$ 表示 3 号动力配电箱，其型号为 XL-3-2 型、功率为 35.165kW。

照明灯具的文字标注格式为：$a - b\dfrac{c \times d \times L}{e}f$

其中：a——同一个平面内，同种型号灯具的数量；

b——灯具的型号；

c——每盏照明灯具中光源的数量；

d——每个光源的容量（W）；

e——安装高度，当吸顶或嵌入安装时用"—"表示；

f——安装方式；

L——光源种类（常省略不标）。

灯具安装方式文字符号见表 6-8。

表 6-8

灯具安装方式文字符号

名　称	新符号	旧符号	名　称	新符号	旧符号
线吊式自在器线吊式	SW		顶棚内安装	CR	DR
链吊式	CS	L	墙壁内安装	WR	BR
管吊式	DS	G	支架上安装	S	J
壁装式	W	B	柱上安装	CL	Z
吸顶式	C	D	座装	HM	ZH
嵌入式	R	R			

三、电气照明平面图

图 6-50 为某车间电气照明平面图。车间里设有 6 台照明配电箱，即 AL11～AL16，从每台配电箱引出电源向各自的回路供电。如 AL13 箱引出 WL1～WL4 四个回路，均为 BV-2 ×2.5-S15-CEC，表示 2 根截面为 2.5mm^2 的铜芯塑料绝缘导线穿直径为 15mm 的钢管，沿顶棚暗敷设。灯具的标注格式 $22\frac{200}{4}$DS 表示灯具数量为 22 个，每个灯泡的容量为 200W，安装高度 4m，吊管安装。

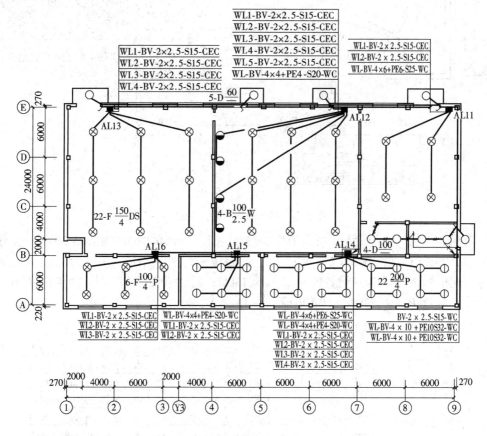

图 6-50　某车间电气照明平面图

四、电气动力平面图

图 6-51 为某车间电气动力平面图。车间里设有 4 台动力配电箱，即 AL1～AL4。其中 AL1 $\frac{XL-20}{4.8}$ 表示配电箱的编号为 AL1，其型号为 XL-20，配电箱的容量为 4.8kW。由 AL1 箱引出三个回路，均为 BV-3×1.5 + PE1.5-SC20-FC，表示 3 根相线截面为 1.5mm^2，PE 线截面为 1.5mm^2，均为铜芯塑料绝缘导线，穿直径为 20mm 的焊接钢管，沿地暗敷设。配电箱引出回路给各自的设备供电，其中 $\frac{1}{1.1}$ 表示设备编号为 1，设备容量为 1.1kW。

五、电气系统图

1. 配电箱系统图

图 6-52 表示配电箱系统图。引入配电箱的干线为 BV-4×25 + 16-SC40-WC；干线开关

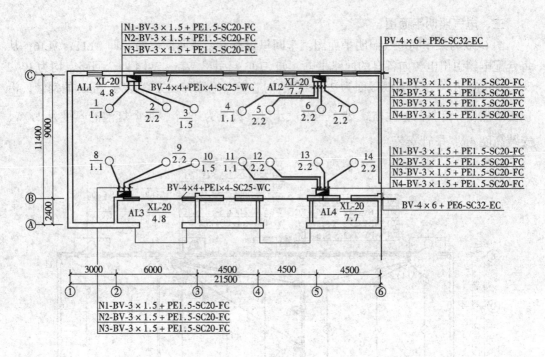

图 6-51 某车间电气动力平面图

为 DZ216-63/3P-C32A；回路开关为 DZ216-63/1P-C10A 和 DZ216-63/2P-16A-30mA；支线为 BV-2×2.5-SC15-CC 及 BV-3×2.5-SC15-FC。回路编号为 N1～N13；相别为 AN、BN、CN、PE 等。配电箱的参数为：设备容量 $P_e = 8.16kW$；需用系数 $K_x = 0.8$；功率因数 $\cos\phi = 0.8$；计算容量 $P_{js} = 6.53kW$；计算电流 $I_{js} = 13.22A$。

DZ216-63/1P-C10A	BV-2×2.5-SC15-CC	N1	AN	11盏	0.84kW	照明
DZ216-63/1P-C10A	BV-2×2.5-SC15-CC	N2	BN	12盏	0.96kW	照明
DZ216-63/1P-C10A	BV-2×2.5-SC15-CC	N3	CN	6盏	0.36kW	照明
DZ216-63/1P-C10A	BV-2×2.5-SC15-CC	N4	AN	10盏	0.8kW	照明
DZ216-63/1P-C10A	BV-2×2.5-SC15-CC	N5	BN	12盏	0.94kW	照明
DZ216-63/1P-C10A	BV-2×2.5-SC15-CC	N6	CN	9盏	0.68kW	照明
DZ216-63/1P-C10A	BV-2×2.5-SC15-CC	N7	AN	14盏	0.28kW	照明
DZ216L-63/2P-16A-30mA	BV-2×2.5-SC15-FC	N8	BNPE	6盏	0.6kW	插座
DZ216L-63/2P-16A-30mA	BV-2×2.5-SC15-FC	N9	CNPE	6盏	0.6kW	插座
DZ216L-63/2P-16A-30mA	BV-3×2.5-SC15-FC	N10	CNPE	8盏	0.8kW	插座
DZ216L-63/2P-16A-30mA		N11				备用
DZ216-63/3P-C10A		N12				备用
DZ216-63/3P-C20A		N13				备用

图 6-52 配电箱系统图

2. 配电干线系统图

配电干线系统图表示各配电干线与配电箱之间的联系方式。图 6-53 表示某住宅楼配电干线系统图。

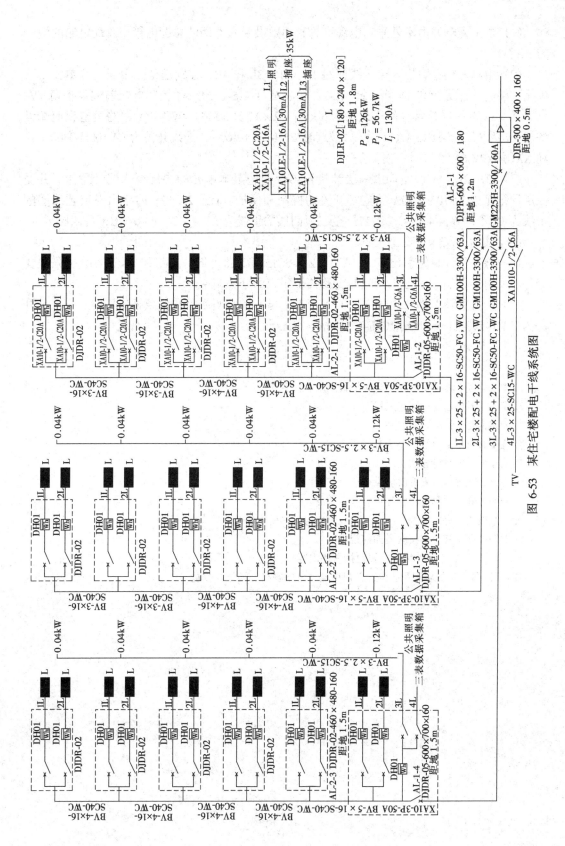

图 6-53　某住宅楼配电干线系统图

（1）本工程电源由室外采用电缆穿管直埋敷设引入本楼的总配电箱，总配电箱的编号为 AL-1-1。

（2）由总配电箱引出 4 组干线回路 1L、2L、3L 和 4L，分别送至一单元、二单元、三单元一层电气计量箱和 TV 箱，即 AL-1-2 箱、AL-1-3 箱、AL-1-4 箱和电视前端设备箱 TV。1L、2L、3L 至一层计量箱的干线均为 $3 \times 25 + 2 \times 16$-SC50-FC、WC。4L 回路至电视前端设备箱 TV 为 3×2.5-SC15-WC。总开关为 GM225H-3300/160A，干线开关为 GM100H-3300/63A 和 XA10-1/2-C6A。

（3）1L、2L、3L 回路均由一层计量箱再分别送至本单元的二层至六层计量箱，并受一层计量箱中 XA10-3P-50A 的空气开关的控制和保护。1L、2L、3L 回路由一层至二层的干线为 BV-5×16-SC40-WC；由二层至三、四层的干线为 BV-4×16-SC40-WC；由四层至五、六层的干线为 BV-3×16-SC40-WC。

（4）除一层计量箱引出 3L、BV-3×2.5-SC15-WC 公共照明支路和 4L 三表数据采集支路外，所有计量箱均引出 1L 和 2L 支路接至每户的开关箱 L。

（5）由开关箱 L 向每户供电。开关箱 L 引出一条照明回路和两条插座回路，其空气开关为 XA10-1/2-C16A 和 XA10LE-1/2-16A［30mA］。

思 考 题 与 习 题

1. 建筑电气工程施工验收规范对槽板配线有何要求？

2. 简述塑料护套线安装施工程序。

3. 简述钢管暗设的施工程序。

4. 施工验收规范对管内穿线有何要求？

5. 简述电缆的敷设方法。

6. 为什么在硬母线安装时应设母线补偿器？

7. 照明方式分为哪几种？各自有什么特点。

8. 灯具按安装方式分为哪些类型？规范中对灯具的安装有何要求？

9. 照明线路中插座的接线是如何规定的？

10. 电气工程施工图的组成主要包括哪些内容？

11. 识读图 6-52 配电箱系统图，指出电器元件的规格、型号及数量。

第七章 智能建筑系统

智能建筑（IB—Intelligent Building）是信息时代的必然产物，是将计算机技术、通信技术、控制技术与建筑技术作为最优化组合。智能建筑以其高效、安全、舒适和适应信息社会要求等特点，成为当今世界各类建筑特别是大型建筑的主流，往往以智能建筑作为评价综合经济国力的具体表征之一。

《智能建筑设计标准》（GB/T50314—2000）中规定：智能建筑中各智能化系统应根据使用功能、管理要求和建设投资等划分为甲、乙、丙三级（住宅除外），且各级均有扩展性、开放性和灵活性。

根据 GB/T50314—2000 的定义，IB 是以建筑为平台，兼备建筑设备、办公自动化及通信网络系统，集结构、系统、服务、管理及它们之间的最优化组合，向人们提供一个安全、高效、舒适、便利的环境。其基本内涵是：以综合布线系统为基础，以计算机网络系统为桥梁，综合配置建筑物内的各功能子系统，全面实现对通信系统、办公自动化系统、大楼内各种设备（空调、供热、给排水、变配电、照明、电梯、消防、公共安全等）的综合管理。

第一节 智能建筑系统概述

智能建筑系统按其基本功能可分为三大块：楼宇自动化系统（BAS—Building Automation System）、办公自动化系统（OAS—Office Automation System）和通信自动化系统（CAS—Communication Automation System），即"3A"系统。

智能建筑不是多种带有智能特征的系统产品的简单堆积或集合。智能建筑的核心（SIC—System Integrated Center）是系统集成。SIC 借助综合布线系统实现对 BAS、OAS 和 CAS 的有机集合，以一体化集成的方式实现对信息、资源和管理服务的共享。

一、通信网络系统（CNS 或 CAS）

目前，我国已经建成了以电信网、有线电视网和计算机互联网为代表的三大网络系统。通信网络系统是智能建筑的主要系统之一，按照《智能建筑设计标准》 （GB/T50314—2000）的阐述，通信网络系统（Communication Network System）是楼内的语音、数据、图像传输的基础，同时与外部通信网络（如公用电话网、综合业务数字网、计算机互联网、数据通信网及卫星通信网等）相联，确保信息畅通。要求系统能为建筑物（群）的管理者提供有效的信息服务；对各种信息予以接收、存贮、处理、交换、传输并提供决策支持的能力；保证各类业务及其接口通过建筑物内的布线系统引至用户终端。由此可以看出，智能建筑中的通信技术涉及到如下三方面：

（1）电话通信；

（2）数据、图像通信；

（3）与各种公用网和专用网互联。

二、信息网络系统

信息网络系统是应用计算机技术、通信技术、多媒体技术、信息安全技术和行为科学等先进技术和设备构成的信息网络平台。

对于信息网络系统来说，局域网络 LAN 通信是一种很重要的通信手段。20 世纪 90 年代，美国和西欧 100 多家公司定型生产了不少局域网络系统，这类产品所用的信息传送媒介有双绞线、同轴电缆、光缆及电磁波等，拓扑结构主要有总线和环路两种。信息传送控制方式主要有检测载波侦听多点送取（CSMA/CD）和令牌传递（Token passing）等两种。通信速度有 64kbit/s，1~100Mbit/s。总线型网络以 Ethernet 为代表，传输速度为 10Mbit/s，距离在 2km 以内，主要用在中型的公司和事务机构作为连接一个单位的办公业务用，可实现资源共享及电子邮件、电子广告、电子会议等一系列新技术和新的办公体制，大大促进办公自动化效能。

三、建筑设备监控系统

建筑设备监控系统即楼宇自动化系统，或称建筑物自动化系统。楼宇自动化系统是将建筑物（或建筑群）内的电力、照明、空调、运输、防灾、保安、广播等设备以集中监视、控制和管理为目的而构成的一个综合系统。其目的是使建筑物成为安全、健康、舒适、温馨的生活环境和高效的工作环境，并能保证系统运行的经济性和管理的智能化，因此，广义地说，楼宇自动化（BA）应包括消防自动化（FA）与安防自动化（SA）。关于楼宇自动化系统（BAS）包含的监控内容如图 7-1 所示。

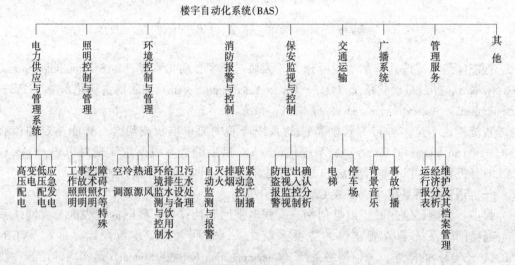

图 7-1　楼宇自动化系统（BAS）的范围

四、智能化系统集成

（一）智能建筑系统集成的概念

所谓系统集成，主要是通过楼宇中结构化的综合布线系统和计算机网络技术，使构成智能建筑的各个主要子系统具有开放式结构，协议和接口都标准化和规范化。具体而言就是软硬件的连接方式、交换信息的内容和格式、子系统之间的互控和联动功能、各子系统的扩展方法等方面都必须标准化和规范化，从而能将各自分离的设备、功能和信息都集成到相互关联的、统一和协调的系统之中，达到资源的充分共享，并实现集中和便利的管理。

智能建筑系统集成（即智能建筑系统一体化集成）具有系统集成、功能集成、网络集成和软件界面集成的特点。通过系统一体化集成使各个子系统成为一个整体，是智能建筑所追求的目标。

（二）智能建筑系统集成的功能

在智能建筑中，设备按功能组合成为各个系统，在建筑系统的组建中，通过运行系统集成技术，建立一个统一的智能集成管理系统。其功能是监视各子系统设备的运用状况，管理控制各子系统之间的动态关系。智能集成管理系统的建立，体现了基于策略的建筑运营管理思想。从更高的层次协调管理各子系统之间的关系，这是其他任何一个独立子系统无法完成的。

1. 提供安全保障

对用户而言，具有安全感是对所有建筑的基本要求，智能化的现代建筑更加如此。因此，高效的大楼整体防灾抗灾能力是实施系统集成工程最基本的要求。值得注意的是：系统集成的功能不仅在于高效实现抗灾功能，还在于加强建筑灾害预防能力。

2. 提供舒适环境和快捷服务

运用系统集成技术组建的智能建筑系统完全能为用户提供舒适的办公休息环境和快捷的信息服务。大楼各子系统联动的相关性和智能建筑系统整体行动的目的性是系统集成的主要特色，而各子系统本身的功能的提高并非系统集成追求的目标。连锁服务功能的实现，能够最大程度地提高智能建筑系统整体服务质量。

系统集成技术从本质上说在于管理各子系统之间的动态关系，智能集成管理系统和其他子系统之间的关系不是一成不变的。例如，大楼电梯系统在日常运行中，可以自主协调好相关设备的运行，只需要向管理中心提供运行状态报告，没必要由管理中心直接控制。当发生意外（火灾、抢劫等）时，应当及时报告管理中心，由智能集成管理系统根据预定策略进行控制或者由管理人员现场指挥。

第二节　共用天线电视系统

共用天线电视（Community Antenna Television）系统缩写为 CATV 系统，该系统指共用一组天线接收电视台电视信号，并通过同轴电缆传输、分配给许多电视机用户。随着社会的进步和技术的发展，人们对电视媒介提出了越来越高的要求，不仅要求接收电视台发送的节目，还要求接收卫星电视节目和自办节目，甚至利用电视进行信息交流等。传输电缆的含义也不再局限于同轴电缆，而是扩展到了光缆等。通过同轴电缆、光缆及其组合来传输、分配和交换声音及图像信号的电视系统，称为电缆电视（Cable Television）系统，其英文缩写是 CATV。习惯上又常称为有线电视系统，因为它是以有线闭路形式传送电视信号，不向外界辐射电磁波，以区别于电视台的开路无线电视广播。

为了更好地区分大型电缆电视（或有线电视）与共用天线电视系统，人们将共用天线电视系统的英文名称改为 Master Antenna Television，即缩写为 MATV。共用天线电视或

MATV 系统为小规模系统，传输距离比较近，一般不超过 1km，常用全频道传送方式，频道较少。而电缆电视或有线电视系统多指大规模系统，传输距离较远，常用邻频传输方式，频道明显增多。

一、共用天线电视系统的组成

CATV 系统一般由前端设备、传输和用户分配三部分组成，如图 7-2 所示。

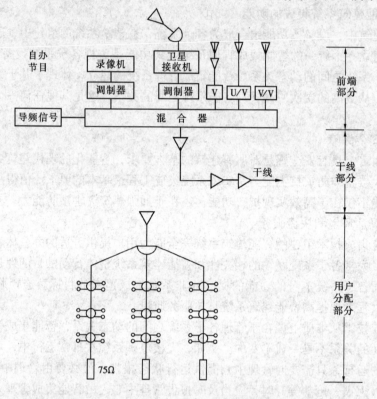

图 7-2　CATV 系统的组成

（一）前端设备

前端设备主要包括电视接收天线、频道放大器、频率变换器、自播节目设备、卫星电视接收设备、导频信号发生器、调制器、混合器以及连接线缆等部件。前端信号的来源一般有三种：1）接收无线电视台的信号；2）卫星地面接收的信号；3）各种自办节目信号。CATV 系统前端的主要作用是：

（1）将天线接收的各频道电视信号分别调整到一定电平，然后经混合器混合后送入干线。

（2）必要时将电视信号变换成所需频道的信号，然后按所需频道信号进行处理。

（3）将卫星电视接收设备输出的信号通过调制器变换成某一频道的电视信号而送入混合器。

（4）自办节目信号通过调制器变换成某一频道的电视信号而送入混合器。

（5）若干线传输距离长（如大型系统），由于电缆对不同频道信号衰减不同等原因，故加入导频信号发生器，用以进行自动增益控制（AGC）和自动斜率控制。

在图 7-2 中，对于接收无线电视频道的强信号，一般是在前端使用 V/V 频率变换器，将此频道的节目转换到另一频道上去，即使空中的强信号直接串入用户电视机也不会造成重影干扰。如果要转换 UHF 频段的电视信号，一般采用 U/V 频率变换器将它转换到 VHF 频段的某个空闲频道上。对于全频段的 CATV 系统，则不需要 U/V 变换器，可直接用 UHF 频道传送。

进入前端的卫星信号常常需要经过两个前端设备，其一为卫星电视接收机，其作用是将第一中频电视信号解调成音频和视频电视信号；其二为邻频调制器，其作用是将音、视频电视信号调制到所需要的电视频道（VHF 或 UHF 频段），然后送入混合器。

自办节目的信号来自室内演播室、室外采访摄像机或室内录像机，均输出音、视频信号，进入前端后需用邻频调制器调制成指定的 VHF/UHF 邻频频道再送入混合器。

在大型系统中会使用导频信号发生器，该设备是提供整个系统自动电平控制和自动斜率控制的基准信号装置，可以在环境温度和电源电压不稳定时，保证输出载波电平的稳定。这种装置一般在中型或小型系统中不常采用。

（二）传输干线

干线传输系统的作用是将经前端设备接收处理、混合后的电视信号传输给用户分配系统，一般在较大型的 CATV 系统中才有干线部分。例如一个小区许多建筑物共用一个前端，自前端至各建筑物的传输部分称为干线。为了保证末端信号有足够高的电平，需加入干线放大器以补偿电缆的衰减。对于单幢大楼或小型 CATV 系统，可以不包括干线部分，而直接由前端设备和用户分配网络组成。

（三）用户分配部分

用户分配部分主要包括放大器（宽带放大器等）、分配器、分支器、系统输出端以及电缆线路等，它的最终目的是向所有用户提供电平大致相等的优质电视信号。

二、共用天线电视（CATV）系统工程图

共用天线电视系统工程图主要有共用天线电视系统图、共用天线电视系统设备平面图、设备安装详图等。共用天线电视设备平面图是预埋、配管、穿线、设备安装的主要依据，其平面图形式和动力及照明系统的平面图相类似。而其系统图是表现各组成部分相互关系的图纸，与动力及照明系统的系统图差别较大，是识图的重点内容。识图首先要熟悉绘制共用天线电视系统工程图的图形符号，即《电气图用图形符号》（GB4728）中规定的图形符号，并详尽了解各种设备的功能、特性等。

设备安装详图表示各种设备的具体安装及做法，施工时常参考相关标准图集。

（一）系统图分析

图 7-3 为高层住宅楼共用天线电视系统图。由图可知该系统可接收 5、8、14、20 四个频道的电视节目，在四个频道的接收天线加装防雷击保护器，用来防止雷电对系统的侵害。由天线接收到的广播电视信号经可变衰减器衰减后，送到有源混合器。联网线可接自办节目设备或市有线电视网，再经可变衰减器和均衡器对信号进行衰减后，送入有源混合器。多路电视信号经有源混合器放大混合后，变为一路信号，由干线传送至安装于九层的分前端箱，再由分前端箱内的分配放大器对信号进行放大，分配成两路信号；由两条分支干线分别传送到设置在九层的两个四分配器，四分配器将输入的一路信号分成四路；其中5屋至 9 层和 10 层至 14 层的支路上分别接有五个四分支器，1 层至 4 层和 15 层至 18 层的支路上分别接有四个四分支器，并在每一支路的终端均接有 75Ω 的匹配电阻。系统中有

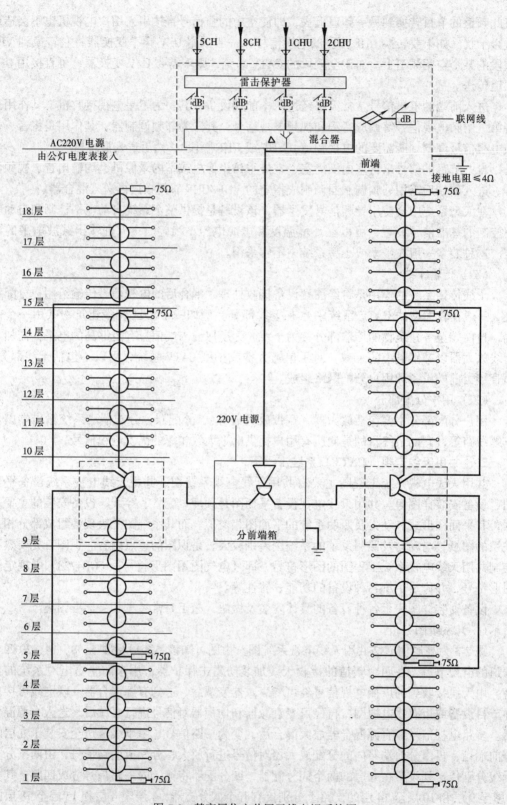

图 7-3 某高层住宅共用天线电视系统图

源器件的电源均取于公共电源（如由公共照明电度表接入）。

（二）平面图分析

1. 标准层平面图

图 7-4、7-5 是上述高层住宅楼（九层）标准层共用天线电视系统的平面图、剖面图，由图可知：

（1）从一层过梁暗敷设引入的 φ32 钢管，用来穿市有线电视网的入户电缆（或光缆）。

（2）装设于九层的分前端箱信号来源于沿墙暗敷设的 φ32 钢管内的干线电缆。

（3）结合图 7-5（a）1-1 剖面图可知，分前端箱处两根沿墙暗敷设的 φ32 电线管，引至顶层机房内前端箱，以供架空（或埋地）引入的市有线电视网电缆（或光缆）接入前端系统。

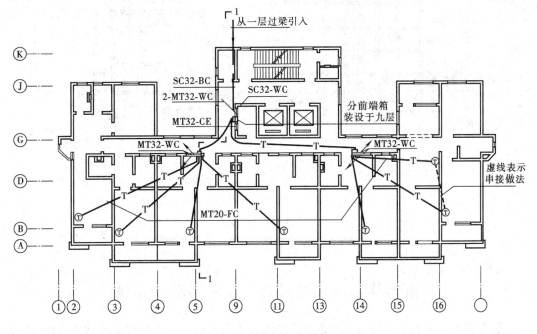

图 7-4　标准层平面图

（4）由分前端箱经两根沿顶暗敷设的 φ32 电线管，将信号分两路送至装设于九层⑤轴和⑭轴近旁的两分支箱。

（5）九层及其他楼层的分支箱均由沿墙暗敷设的 φ32 电线管连通。

（6）用户终端盒（即电视插座）的电视信号来源于本楼层的分支箱，配管为沿地暗敷设的 φ32 电线管。

（7）该系统的分干线电缆采用 SYKV-75-9 型，从分支器到用户终端盒电缆采用 SYKV-75-5 型（注：图中未标注的，可查设计说明）。

2. 机房、十八层屋顶平面图及 1-1 剖面图

图 7-5 是上述高层住宅楼的 1-1 剖面图，机房平面图和十八层屋顶平面图，分析方法同图 7-3、图 7-4。

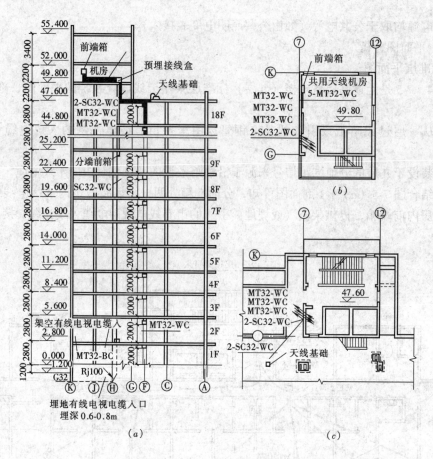

图 7-5 平、剖面图

(a) 1-1 剖面图；(b) 机房平面图；(c) 18 层屋顶平面图

第三节 火灾自动报警及消防联动系统

智能建筑火灾自动报警及消防联动系统是设置在开放式、大跨度框架结构的智能建筑中的火灾监控系统。当建筑物发生火灾时，火灾自动报警及消防联动系统要及时探测、鉴别并启动通信系统自动对外报警，根据各楼层人员情况显示最佳疏导、营救方案，启动各类自动消防子系统，同时自动关闭不必要的电力系统和办公系统，并根据火灾状态分配供水系统，启动防排烟设施等。

一、火灾自动报警控制系统

（一）火灾自动报警系统的组成

火灾自动报警系统（FAS）的作用是为及早发现和通报火灾、并及时取得有效措施控制和扑灭火灾，设置在建筑物中或其他场所的一种自动消防设施。系统一般由触发器件（火灾探测器和手动火灾报警按钮）、火灾警报装置、火灾报警控制器和其他具有辅助功能的装置等四部分组成，其工作原理如图 7-6 所示。

1. 火灾探测器

（1）火灾探测器的定义。

《火灾探测和报警系统》(ISO7204—1) 中对火灾探测器定义为：火灾探测器是火灾自动探测系统的组成部分，它至少含有一个能连续或以一定频率周期监视与火灾有关的至少一个适宜的物理或化学现象的传感器，并且至少能向控制和指示设备提供一个适合的信号，是否报火警或操作自动消防设备可由探测器或控制和指示设备作出判断。

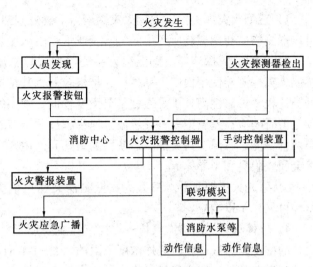

图 7-6　火灾自动报警系统工作原理

（2）火灾探测器的种类。

目前火灾探测器的种类很多，功能各异，常用的探测器根据其探测的物理量和工作原理不同可分为感烟式、感温式、感光式、可燃气体探测式和复合式等主要类型。火灾探测器的分类如图 7-7 所示：

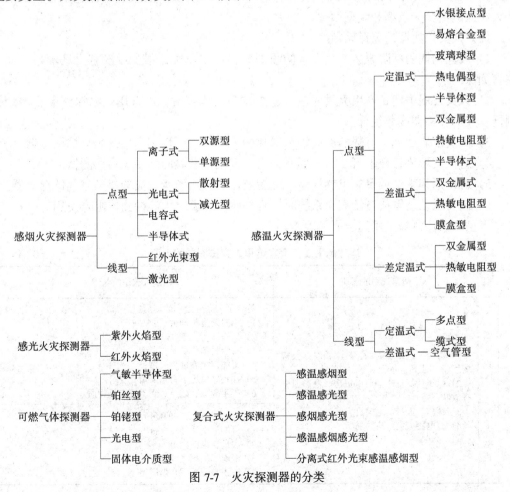

图 7-7　火灾探测器的分类

173

1）感烟火灾探测器。感烟火灾探测器对燃烧和热解产生的固体或液体微粒予以响应，可以探测物质初期燃烧所产生的气溶胶或烟粒子浓度。

2）感温火灾探测器。感温火灾探测器响应异常温度、温升速率和温差等火灾信号。感温火灾探测器使用面广、品种多、价格较低，其结构简单，很少配用电子电路，与其他种类比较，可靠性高，不足之处是灵敏度较低。常用的有定温型——环境温度达到或超过预定值时响应；差温型——环境温升速率超过预定值时响应；差定温型——兼有差温、定温两种功能。感温型火灾探测器使用的敏感元件主要有热敏电阻、热电偶、双金属片、易熔金属、膜盒和半导体等。

3）感光火灾探测器。感光火灾探测器又称火焰探测器，主要对火焰辐射出的红外、紫外可见光予以响应。

4）气体火灾探测器。气体火灾探测器主要用于易燃、易爆场所中探测可燃气体（粉尘）的浓度，一般调整在爆炸浓度下限的1/5—1/6时动作报警。其主要传感元件有铂丝、铂钯（黑白元件）和金属氧化物半导体（如金属氧化物、钙钛晶体和尖晶石）等几种。

5）复合火灾探测器。复合火灾探测器是可以响应两种或两种以上火灾参数的火灾探测器。

图7-7是按照火灾探测器探测引发火灾参量的不同分类。若按其结构造型分类，又可将火灾探测器分为点型和线型两种。

（3）火灾探测器的选择原则。

1）火灾初期阴燃阶段能产生大量的浓烟和少量的热气，很少或没有火焰辐射，应选用感烟探测器。

2）火灾发展中期，产生大量的热气、浓烟和火焰辐射，可选用感温探测器、感烟探测器、火焰探测器或其组合。

3）火灾发展后期，有强烈的火焰辐射和少量的热气、烟雾，应选用火焰探测器。

4）对火灾形成特征不可预料的场所，可根据模拟试验的结果选择探测器。

5）对使用和生产或聚集可燃气体、可燃液体蒸气的场所，应选择可燃气体探测器。

6）装有联动装置或自动灭火系统时，宜将感烟感温、火焰探测器组合使用。

点型火灾探测器选用的场所见表7-1。

适宜选用或不适宜选用火灾探测器的场所　　　　　表7-1

类　型		适宜选用的场所	不适宜选用的场所
感烟探测器	离子式	1）饭店、旅馆、商场、教学楼、办公楼的厅堂、卧室、办公室等； 2）电子计算机房、通讯机房、电影或电视放映室等； 3）楼梯、走道、电梯机房等； 4）有电器火灾危险的场所	符合下列条件之一的场所： 1）相对湿度长期大于95%； 2）气流速度大于5m/s； 3）有大量粉尘、水雾滞留； 4）可能产生腐蚀性气体； 5）在正常情况下有烟滞留； 6）产生醇类、醚类、酮类等有机物质
	光电式		符合下列条件之一的场所： 1）可能产生黑烟； 2）大量积聚粉尘； 3）可能产生蒸气和油雾； 4）在正常情况下有烟滞留

类　型	适宜选用的场所	不适宜选用的场所
感温探测器	符合下列条件之一的场所： 1）相对湿度经常高于95％以上； 2）可能发生无烟火灾； 3）有大量粉尘； 4）在正常情况下有烟和蒸汽滞留； 5）厨房、锅炉房、发电机房、茶炉房、烘干车间等； 6）吸烟室、小会议室等； 7）其他不宜安装感烟探测器的厅堂和公共场所	1）可能产生阴燃火或发生火灾不及时报警将造成重大损失的场所，不宜选择感温探测器； 2）温度在0℃以下的场所，不宜选用定温探测器； 3）温度变化较大的场所，不宜选用差温探测器
火焰探测器（感光探测器）	符合下列条件之一的场所： 1）火灾时有强烈的火焰辐射； 2）无阴燃阶段的火灾； 3）需要对火焰作出快速反应	符合下列条件之一的场所： 1）可能发生无焰火灾； 2）在火焰出现前有浓烟扩散； 3）探测器的镜头易被污染； 4）探测器的"视线"易被遮挡； 5）探测器易受阳光和其他光源直接或间接照射； 6）在正常情况下有明火作业以及X射线、弧光等影响
可燃气体探测器	1）使用管道煤气或天然气的场所； 2）煤气站和煤气表房以及存储液化石油气罐的场所； 3）其他散发可燃气体和可燃蒸气的场所； 4）有可能产生一氧化碳气体的场所，宜选择一氧化碳气体探测器	除适宜选用场所之外所有的场所

2. 火灾报警控制器

火灾报警控制器是火灾自动报警系统的重要组成部分。在火灾自动报警系统中，火灾探测器是系统的"感觉器官"，随时监视周围环境的情况；而火灾报警控制器，则是该系统的"躯体"和"大脑"，是系统的核心。根据国家标准《火灾自动报警系统设计规范》（GB50116—98）的定义，火灾报警控制器是可向控测器供电，并具有下述功能的设备：

（1）能将接收的探测信号转换成声、光报警信号，指示着火部位和记录报警信息。

（2）可通过火警发送装置启动火灾报警信号或通过自动消防灭火控制装置启动自动灭火设备和消防联动控制设备。

（3）自动监视系统的正确运行和对特定故障给出声光报警（自检）。

由此可知，火灾报警控制器的作用是向火灾探测器提供高稳定度的直流电源；监视连接各火灾探测器的传输导线有无故障；能接受火灾探测器发送的火灾报警信号，迅速、正确地进行转换和处理，并以声、光等形式指示火灾发生的具体部位，进而发送消防设备的启动控制信号。

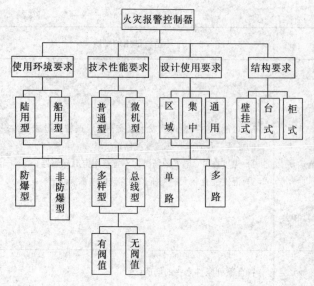

图 7-8　火灾报警控制器的分类

火灾报警控制器的分类如图7-8所示。

（二）火灾自动报警系统的接线方式

火灾自动报警系统中，火灾报警控制器如何对火灾探测器进行识别和控制，即探测回路的工作原理及接线方式，反映了火灾自动报警系统的技术构成、可靠性、稳定性及性能价格比等诸多因素，是评价火灾自动报警系统先进与否的一项重要指标。它的接线方式主要有辐射式、总线式、链式及无线报警系统等。

1. 辐射式

由一组探测器构成一条回路，与火灾报警控制器相连接，其中有公共电源、信号线、测试线等。《火灾自动报警系统设计规范》（GB50116—98）规定：要求火灾报警要报到火灾探测器所在回路的位置，即报到着火点。于是就以一只探测器为一条回路，即探测器与报警控制器单线连接。该系统用线量大、配

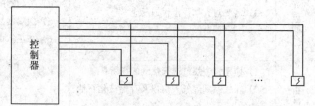

图 7-9　二线制探测器回路

管直径大、材料用量多、穿线复杂、接点过多、线路故障多。该系统适用于点位少的小规模建筑物。图7-9所示为二线制探测器回路。图7-10所示为三线制探测器回路，即 $n+1$ 或 $n+2$ 根总线数，其中 n 为探测器数，即如果有 n 个探测器，就要 $n+1$ 或 $n+2$ 根导线构成 n 个回路。

2. 总线式

总线制采用2~4根导线构成回路，并联若干个火灾探测器（99或127个）。每个探测器有一个编码电路（独立的地址电路），报警控制器采用串行通信方式访问每只探测器。该系统大大简化了系统连线，用线量明显减少，施工较为方便。该系统的致命缺点是：探测器不但向火灾报警控制器发送开关类型数据（正常、故障或火警），而且发送其探测值的 A/D 转换数据。一旦总线回路出现短路故障，则整个回路失效，甚至损坏部分火灾报警控制器和探测器。因此，为了保证系统的正常运行，避免系统受损失，必须在系统中分段设置短路隔离器。如此会使系统变得复杂，设备费用增加，并给使用和维护带来不便。

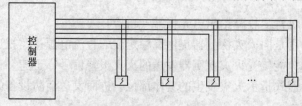

图 7-10　三线制探测器回路

图 7-11 所示为四总线探测器回路，所有探测器并联在四根总线上。

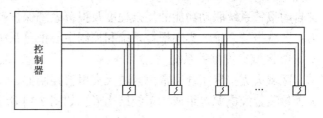

图 7-11　四总线制探测器回路

图 7-12 所示为二总线探测器回路，所有探测器并联在两根总线上。在连接方式上有枝型、环型和子母型。子母型连接要用三根线或四根线，这种连接方式只能报出母头所在位置，而子头则只能在母头之中，显示不出自己独立的位置。

3. 链式

链式回路系统的特点是采用两根导线，按一进一出的方式，将若干个探测器连接在一起（一般连接 50 个探测器）构成一条回路。每个探测器相当于一个电子开关，在寻检时电子开关依次接通，实现探测器的逐级推动。当电子开关接通时，探测器将各自的检测值以电流的形式发送到火灾报警控制器。这种技术的主要特点是：1）回路用线量少；2）可分别识别每个探测器当时的状态（正常、故障或火警状态）；

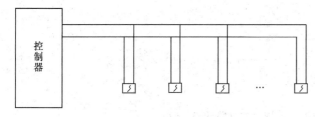

图 7-12　二总线探测器回路

3）可连接成环型回路。当回路出现短路故障时，可通过正、反查询，能够保证回路中其他探测器正常工作，即回路具有自我保护能力。这种系统可以预置地址码，而且在探测器底座安装完毕后，即可进行系统调试。根据探测器所在位置房间号码，进行现场编程，使火灾报警控制器屏幕所显示的号码与探测器所在位置号码相对应。同时，由于该系统采用了特殊的专有技术，总线回路出现短路时，回路不会出现失效现象，也不会损坏控制器。由于在探测器中有特殊的保护电路功能，所以不必设置短路隔离器。因而使系统构成简单、设备费用降低，方便了安装、调试、使用和维护等。图 7-13 所示为链式连接寻址探测器回路，既可以连接成树型回路，又可连接成环型回路。

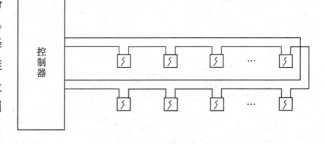

图 7-13　链式连接寻址探测器回路

4. 无线报警系统

无线报警系统由传感器、发射机、中继器及控制中心组成。当系统采用有发射能力的探测器探测到火灾时，可以发出无线电信号，并将该报警信号输送到中央监控报警中心。其优点是节省安装布线费用，安装方便、容易开通。

（三）火灾自动报警系统的分类

由于电子技术迅速发展和计算机软件技术在现代消防技术中的大量应用，火灾自动报警系统的结构形式变得多种多样。《火灾自动报警系统设计规范》（GB50116—98）根据火灾自动报警系统联动功能的复杂程度及报警系统保护范围的大小，将火灾自动报警系统分为：区域报警系统、集中报警系统和控制中心报警系统三种类型。

1. 区域火灾报警系统

区域火灾报警系统通常由区域火灾报警控制器、火灾探测器、手动火灾报警按钮、火灾警报装置及电源等组成。系统结构形式如图 7-14 所示。

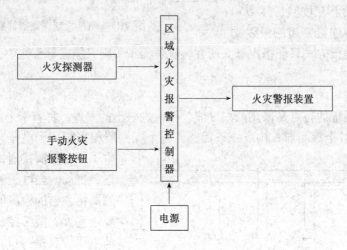

图 7-14　区域火灾报警系统

2. 集中火灾报警系统

集中火灾报警系统通常由集中火灾报警控制器、两台及两台以上区域火灾报警控制器（或区域显示器）、火灾探测器、手动火灾报警按钮、火灾报警装置及电源等组成。系统结构形式如图 7-15 所示。

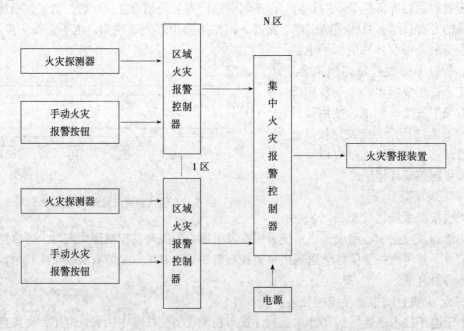

图 7-15　集中火灾报警系统

3. 控制中心报警系统

控制中心报警系统通常由至少一台集中火灾报警控制器、一台消防联动控制设备、两台及两台以上区域火灾报警控制器（或区域显示器）、火灾探测器、手动火灾报警按钮、火灾警报装置、火警电话、火灾应急照明、火灾应急广播、联动装置及电源等组成。系统结构形式如图 7-16 所示。

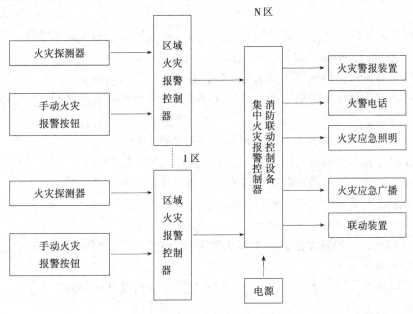

图 7-16　控制中心报警系统

二、消防联动控制系统

（一）消防联动控制的内容

在火灾自动报警系统中，当接收到来自触发器件的火灾报警信号时，能自动或手动启动相关消防设备并显示其状态的设备，称为消防联动控制设备。消防联动控制主要有以下内容：灭火系统控制，包括室内消火栓、自动灭火系统的控制；防排烟系统的控制；消防电梯的控制；火灾应急广播、火灾应急照明与疏散指示的控制；消防通信设备的控制等。

（二）消防联动控制的功能

1. 室内消火栓系统

（1）控制消防水泵的启、停。

（2）显示启动泵按钮启动的位置。

（3）显示消防水泵的工作、故障状态。

2. 自动喷水灭火系统

（1）控制系统的启、停。

（2）显示报警阀、闸阀及水流指示器的工作状态。

（3）显示消防水泵的工作、故障状态。

3. 泡沫、干粉灭火系统

（1）控制系统的启、停。

（2）显示系统的工作状态。

4．有管网的卤代烷、二氧化碳等灭火系统

（1）控制系统的紧急启动和切断装置。

（2）由火灾探测器联动的控制设备，应具有30s可调的延时装置。

（3）显示系统的手动、自动工作状态。

（4）在报警、喷射各阶段，控制室应有相应的声、光报警信号，并能手动切除声响信号。

（5）在延时阶段，应能自动关闭防火门、窗，停止通风、空气调节系统。

5．火灾报警后，消防控制设备对联动控制对象的功能

（1）停止有关部位的风机，关闭防火阀，并接收其反馈信号。

（2）启动有关部位的防烟、排烟风机（包括正压送风机）和排烟阀，并接收其反馈信号。

6．火灾确认后，消防控制设备对联动控制对象的功能

（1）关闭有关部位的防火门、防火卷帘，并接收其反馈信号。

（2）发出控制信号，强制电梯全部停于首层，并接收其反馈信号。

（3）接通火灾事故照明灯和疏散指示灯。

（4）切断有关部位的非消防电源。

7．火灾确认后，消防控制设备接通火灾警报装置和火灾事故广播报警装置的控制程序，应符合下列要求：

（1）二层及二层以上楼层发生火灾，宜先接通着火层及其相邻的上下层。

（2）首层发生火灾，宜先接通本层、二层及地下各层。

（3）地下层发生火灾，宜先接通地下层及首层。

（三）消防联动控制的方式

消防联动控制的方式有总线—多线联动方式、全总线联动方式和混合总线联动方式等，其方式由火灾报警控制器确定。

1．总线多线联动系统

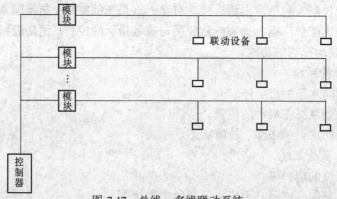

图 7-17 总线—多线联动系统

总线—多线联动系统如图7-17所示。该系统从消防控制中心到各联动设备点的纵向连线总线为10根左右，系统中并不减少横向连线。该系统使用于建筑面积适中楼层偏高的场所。联动控制模块为多路输入、多路输出控制，各层设置一个控制模块。在输入输出

点偏少的情况下，可增加模块集中放在同一地方，也可划分控制分区各设置一个控制模块。

2. 全总线联动系统

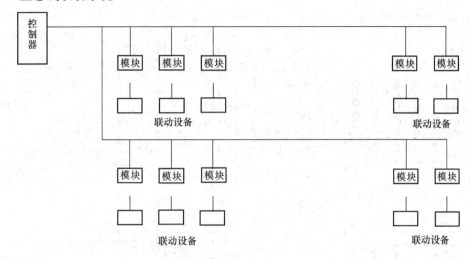

图 7-18　全总线联动系统

全总线联动系统如图 7-18 所示。该系统中各联动设备均配置控制模块（控制或反馈），从控制模块到消防控制中心，采用总线制通信方式，一般是三根以上的通信线。其特点是系统的管线简单，但所需设备造价较高。在实际应用中，往往兼顾各方面的要求，采用复合控制模式，即多线制、总线—多线制、全总线制复合控制模式。对重要设备（如泵类等）仍然采用多线制。有些面积不大或设备相对集中的场合采用多路输出控制模块，分散的联动设备则采用全总线联动的模式。如有些联动设备需系统提供电源（如某些阀门），则应考虑联动系统的输出方式与负荷能力，有时需设专用的控制电源。

3. 混合总线联动系统

总线设备一般分为火灾探测器、报警与反馈模块、控制模块和控制兼反馈模块。混合总线模式减少了总线的数量，但总线功能不分明，系统调试维护困难，大多数情况下，联动模块还需增加联动电源，实际形成报警二总线、联动四总线的模式。

三、火灾自动报警及消防联动控制系统工程图

火灾自动报警及消防联动控制系统工程图是现代智能建筑电气工程图的重要组成之一。一般是在建筑平面图上用图形符号表示消防设备和器件，并标注文字说明。常用的图纸有系统图、平面图和原理框图等。火灾自动报警及消防联动控制系统图主要反映系统的组成、设备和元件之间的相互关系及连接关系。火灾自动报警及消防联动控制平面图是安装中很重要的图纸，图中反映了设备和器件的安装位置、管线的走向及敷设部位、敷设方式、导线的型号规格及根数。火灾自动报警及消防联动控制原理框图是对其工作原理加以说明，在系统调试中具有一定作用。

1. 火灾自动报警及消防联动控制系统图

图 7-19 为火灾自动报警及消防联动控制系统图。该系统图反映了某建筑中火灾自动报警及消防联动控制系统的组成、功能、作用及各设备之间的关系。由图 7-19 可知，消

防中心设有火灾报警控制器和联动控制器、CRT显示器、消防广播及消防电话,并配有主机电源和备用电源。每一层楼都分别装有数层火灾显示盘,火灾自动报警采用二总线输入,每一回路都装有感烟探测器、感温探测器、水流指示器、消防栓按钮、手动报警按钮等,并装有短路隔离器。

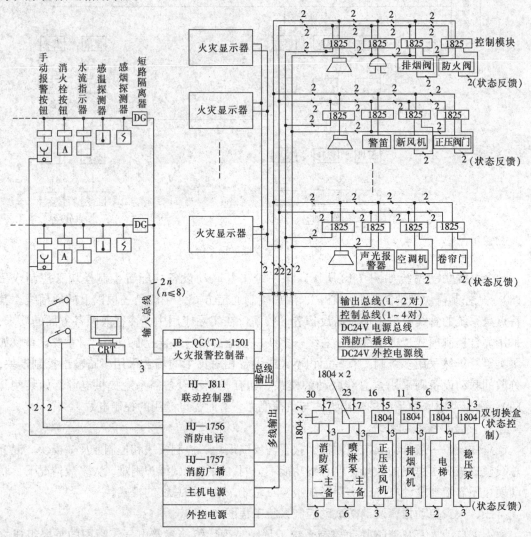

图 7-19　火灾自动报警及消防联动控制系统图

联动控制为多线输出,通过控制模块或双切换盒与设备联接,被联动控制的有消防泵、喷淋泵、正压送风机、排烟风机、电梯、稳压泵、新风机、空调机、电动卷帘门、防火阀、排烟阀、正压送风阀等。报警装置有声光报警器、消防广播等。

当某楼层发生火灾,被火灾触发器(火灾探测器或手动报警按钮)检测到后,立即传输给火灾自动报警控制器,经消防中心确认后,CRT显示出火灾的楼层和对应部位,并打印火灾发生的时间和地点,开启消防广播,指挥灭火,动员疏散。火灾重复显示盘显示着火楼层和部位,指示人们疏散到安全区域。联动装置开启着火区域上、下层的排烟阀和排烟风机,启动避难层(室)的正压风机和打开正压送风阀,然后切断热泵、供回水泵、空调系统送风机的电源，电梯全部降到底层，关闭电动防火卷帘门，防止火势蔓延。消防电梯切换到备用电源上，接通事故照明和疏散照明，切断非消防电源。自动消防系统的喷淋头喷水后，该层的水流指示器由信号传送到消防中心，喷淋泵自动投入运行。可通过消防中心遥控启动或将手动报警按钮的玻璃敲碎，按钮动作后启动消防泵，消防栓给水系统投入运行。

2. 火灾自动报警平面图

图 7-20 是某大厦二十二层火灾报警平面图。从图中可以看出，在电梯前室旁装有区域火灾报警器（或楼层显示器）ARL，用于报警和显示着火区域，输入总线接到弱电竖井中的接线箱，然后通过垂直桥架中的防火电缆接至消防中心。整个楼层装有 24 只带地址编码底座的感烟探测器，其连接方式为二总线制，用塑料护套屏蔽电缆 RVVP-2×1.0 穿电

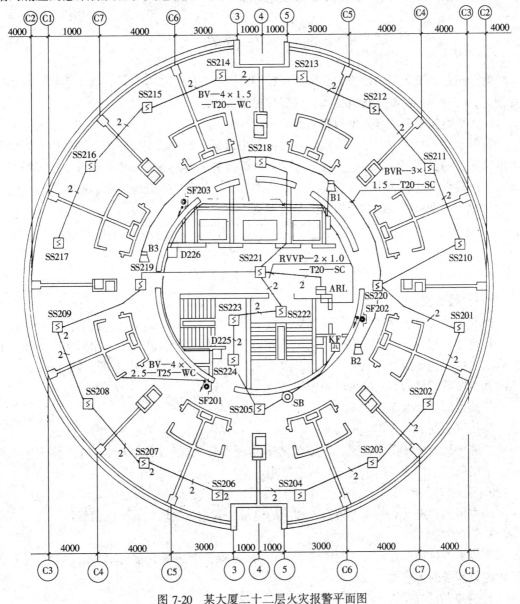

图 7-20 某大厦二十二层火灾报警平面图

线管（T20）敷设，接线时要注意正负极性。在筒体的走廊平顶设置了3个消防广播喇叭箱，可用于通知、背景音乐和紧急时广播，用 $3 \times 1.5\text{mm}^2$ 的塑料软线穿 $\phi20$ 的电线管在平顶中敷设。在圆形走廊内设置了3个消火栓箱，箱内装有带指示灯的报警按钮，发生火警时，只要敲碎按钮盒玻璃即可报警。消火栓按钮线用 $4 \times 2.5\text{mm}^2$ 的塑料铜芯线穿 $\phi25$ 电线管，沿筒体垂直敷设至消防中心或消防泵控制器（注：消火栓按钮线的根数由设计和规范来确定，通常是5根线，要求选用耐火铜芯控制电缆，即 NH-KVV 型电缆）。D 为控制模块，D225 为前室正压送风阀控制模块，D226 为电梯前室排烟阀控制模块，由弱电竖井接线箱敷设 $\phi20$ 电线管至控制模块，管内穿 BV – 4×1.5 导线。KF 为水流指示器，通过输入模块与二总线连接。SF 为消火栓按钮箱；B 为消防扬声器；SB 为带指示灯的报警按钮，含有输入模块；SS 为感烟探测器；ARL 为楼层显示器（或区域报警器）。

第四节　安全防范系统

安全防范系统包括防盗报警、出入口控制、电视监控、访客对讲、电子巡更、汽车库管理等，统称为公共安全防范技术，或简称保安技术。

一、防盗报警系统（入侵报警系统）

智能建筑安全防范入侵报警系统是根据各类建筑中的公共安全防范管理的要求和防范区域及部位的具体现状条件，安装红外或微波等各种类型的报警探测器和系统报警控制设备，实现对设防区域的非法入侵、火警等异常情况进行及时、准确、可靠报警的安全防范系统集成。入侵报警系统的结构如图 7-21 所示。

图 7-21　入侵报警系统的结构

（一）探测器

探测器通常由传感器和信号处理器组成。有的探测器只有传感器，没有信号处理器。

传感器是探测器的核心部分，它是一种物理量的转换装置。在入侵探测器中，传感器把测到的物理量如压力、位移、振动、温度、声音和光强等转化成电量，如电流、电压、电阻和电容等，然后将电量传送到控制器。

传感器的类型如下：

1. 开关传感器

开关传感器可将压力、磁、声或位移等物理量转化成电压或电流。由于其简单、可靠、价格低廉，广泛应用于安全防范系统中。

2. 压力传感器

压力传感器将受到的压力转换成相应的电量并放大、处理成探测电信号。

3. 声传感器

声传感器是把声音信号（例如说话、走动、打碎玻璃和锯钢筋等引发的声音信号）转换成电量信号的传感器。

4. 光电传感器

光电传感器将可见光转换成某种电量的传感器。光敏二极管是最常见的光电传感器。光敏三极管除了具有光敏二极管能将光信号转换成电信号的功能外，还有对电信号放大的功能。

5. 热电传感器

热电传感器是将热量变化转换成电量变化的传感器。热释电红外线元件是一种典型的热量传感器。热释电材料只有在温度变化时才产生电压，如果红外线一直照射，则没有不平衡电压。一旦无红外线照射时，结晶表面电荷处于不平衡状态，从而输出电压。

6. 电磁感应传感器

当犯罪分子进入防范区域时，使防范区域内电磁场的分布发生变化，该变化可引起空间电场的变化，电磁感应传感器即是利用此特性工作的。同时，犯罪分子的进入也可能使空间电容发生变化，电容变化传感器则是利用此特性工作的。

（二）信道

信道是探测电信号传送的通道。信道的种类较多，通常分有线信道和无线信道。有线信道使探测电信号通过双绞线、电话线、电缆或光缆向控制器或控制中心传输。无线信道则是把探测电信号先调制到专用的无线电频道并由发送天线发出，控制器或控制中心的无线接收机将空中的无线电波接收下来后，解调还原出控制报警信号。

（三）控制器

报警控制器由信号处理和报警装置组成。报警信号处理是对信号中传来的探测电信号进行处理，判断出电信号中"有"或"无"的情况，并输出相应的判断信号。若探测电信号中含有犯罪分子进入信号，则信号处理器发出告警信号，报警装置发出声或光报警，引起防范工作人员的警觉。反之，若探测电信号中无犯罪分子进入的信号，则信号处理器送出"无"情况的信号，报警器不发出声光报警信号。

（四）控制中心（报警中心）

通常为了实现区域性的防范，往往把若干个防范小区联网到一个报警中心，一旦出现危险情况，可以集中力量打击犯罪分子。各个区域报警控制器的电信号通过电话线、电缆、光缆或无线电波传到控制中心。同样，控制中心的命令或指令回送到各区域的报警值班室，以构成互动和相互协调的安全防范网络。

二、出入口控制系统

出入口控制系统又称门禁控制系统（Access Control System）

出入口控制系统的功能是对人员的出入进行管理，保证授权出入人员的自由出入，限制未授权人员的进入，对于强行闯入的行为予以报警，并可同时对出入人员代码、出入时间、出入门代码等情况进行登录与存储，从而成为确保安全区域的安全，实现智能化管理的有效措施。如图 7-22 所示，出入口控制系统通常由三部分组成。

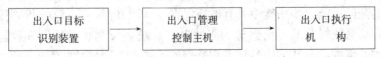

图 7-22　出入口控制系统的基本组成

（一）出入口目标识别装置

其主要功能是通过对出入目标身份的检验，判断出入人员是否有授权出入。只有进入者的出入凭证正确才予以放行，否则将拒绝其进入。出入凭证的种类很多，如：

1. 以各种卡片作为出入凭证。有磁卡、条码卡、IC 卡、威根卡等。

2. 以输入个人识别码为凭证。主要有固定键盘及乱序键盘输入技术。

3. 以人体生物特征作为判别凭证。如：指纹、掌形、视网膜、声音等。

（二）出入口管理控制主机

出入口管理系统是出入口控制系统的管理与控制中心，即出入口控制主机。其作用是将出入口目标识别装置提取的目标身份等信息，通过识别、对比，以便进行各种控制处理。

出入口控制主机可根据保安密级要求，设置出入口管理法则，既可对出入者按多重控制原则进行管理，也可对出入人员实现时间限制等，对整个系统实现控制。并对允许出入者的有关信息，出入检验过程等进行记录，可随时打印和查阅。

（三）出入口控制执行机构

执行从出入口管理主机发来的控制命令，在出入口作出相应的动作，实现系统的拒绝与放行操作。如：电控锁、挡车器、报警指示装置等被控设备，以及电动门等控制对象。

一个功能完善的出入口控制系统，必须对系统运行方式进行合理安排。由于保护区的保安密级不同、出入人员的身份不同，因而在管理上系统对于不同的受控对象会有不同控制方式的要求。常用的方式有以下几种：

（1）进出双向控制——出入者在进入保安区及退出保安区时，都需要在出入口控制系统验明身份，只有授权者才允许出入。进出双向控制方式使系统随时掌握何人在何时进入或离开保安区域，以及不同时间保安区域的实际人数。

（2）多重控制——在一些保安密级较高的区域，出入时可设置多重鉴别，或采用同一种鉴别方式进行多重检验，或采用几种不同鉴别方式重叠验证。只有在各次、各种鉴别都获允许的情况下，才允许通过。

（3）二人同时出入——可通过把系统设置成只有两人同时通过各自验证后才允许进入或退出保安区域的方式来实现安全级别的增强。

（4）出入次数控制——对用户限制出入次数，当出入次数达到限定值后该用户将不再允许通过。

（5）出入日期（或时间）控制——对用户的允许出入的日期、时间加以限制，在规定日期及时间之外，不允许出入，超过限定期限也将被禁止通过。

三、楼宇保安对讲系统

楼宇保安对讲系统又称访客对讲系统，或称对讲机——电锁门保安系统，目前主要分为单对讲和可视对讲两种类型。按功能可分为基本功能型和多功能型，基本功能型具有呼叫对讲和控制开门功能；多功能型具有通话保密、密码开门、区域联网、报警联网、内部对讲等功能。从系统线制上可大致分为多线制、总线多线制、总线制 3 种。如图 7-23 所示。任何形式的系统都有其不同的特点和适用性，满足不同的功能需求和价格定位。

在多线制系统中包括通话线、开门线、电源线、地线共用，每户再增加一条门铃线，系统的总线数为 $4+N$（N 为室内机数量）。多线制系统的容量受门口机按键面板和管线数量的限制。多线制系统通常采用单一按键的直通式，这种系统成本较低，在中小型建筑中使用较普遍。

总线多线制系统采用了数字编码技术，一般每一楼层设有一个解码器（又称楼层分配器）。解码器与解码器总线连接，解码器与用户室内机多线星形连接，由于采用了数字编码技术，系统配线数与系统户数无关，从而使安装施工大为简便，系统功能增强，但设备价格较高。解码器一般分为四用户、八用户等几种规格，这种系统在目前的大型建筑中应用较多。

总线制系统是将解码电路设于用户室内机中，而把楼层解码器省去，整个系统完全是总线连接，其功能更强。因为无楼层解码器，在系统配置和连接上更灵活，适应范围更广，安装施工非常简便。由于这种系统具有

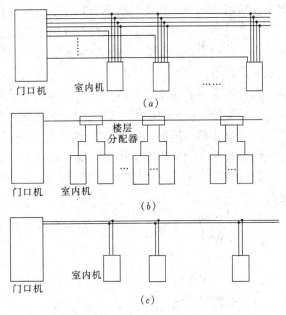

图 7-23　楼宇对讲系统 3 种线制形式
(a) 多线制；(b) 总线多线制；(c) 总线制

很多优越性，目前在智能化楼宇及各类建筑中得到了广泛的应用。

3 种线制系统综合比较如表 7-2 所示。

3 种线制系统综合比较表　　　　　　　　　　　　　　　表 7-2

性　　能	多　线　制	总线多线制	总　线　制
设备价格	低	高	较高
施工难易程度	难	较易	易
系统容量	小	大	大
系统灵活性	小	较大	大
系统功能	弱	强	强
系统扩充	难扩充	易扩充	易扩充
系统故障排除	难	易	较易
日常维护	难	易	易
线材耗用	多	较多	少

第五节　综合布线系统

一、综合布线系统的构成

综合布线系统是由线缆和相关连接件组成的信息传输通道。该系统既能使语音、数据、视频设备与其他信息管理系统彼此相连，也能使这些设备与外部通信网相连接。综合布线包括建筑物外部网络和电信线路的连线点以及应用系统设备之间的所有线缆和相关连接部件。综合布线由不同系列和规格的部件组成，包括传输介质、相关连接硬件（如配线

架、连接器、插座、插头、适配器）以及电气保护装置等。这些部件可用来构建各个子系统。一个设计良好的综合布线系统对其服务的设备应具有一定的独立性，并能互连许多不同应用系统的设备，如模拟式或数字式的公共系统设备，应能支持图像（电视会议、监视电视）等设备。

综合布线一般采用星形拓扑结构。该结构下的每个分支子系统都是相对独立的单元，对每个分支子系统的改动都不影响其他子系统，只要改变节点的连接方式就可使综合布线在星形、总线型、环形、树状形等结构之间进行转换。

综合布线系统采用模块化的结构，其特点是方便灵活。按每个模块的作用把综合布线系统划分成六个部分，如图 7-24 所示。这六个部分可概括为"一间、二区、三个子系统"，即：

(1) 设备间。
(2) 工作区。
(3) 管理区。
(4) 水平子系统。
(5) 干线子系统。

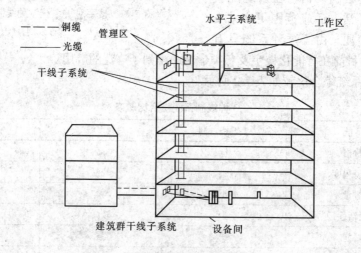

图 7-24　建筑物与建筑群综合布线结构

1. 工作区

工作区用来放置应用系统终端设备，由终端设备连接到信息插座的连线（或接插线）组成，如图 7-25 所示。工作区用接插线在终端设备和信息插座之间搭接，相当于电话系统中连接电话机的用户线及电话机终端部分。

终端设备可以是电话、计算机等。终端设备和信息插座连接时，需要电气转换装置，例如适配器。适配器可使不同尺寸和类型的插头与信息插座相匹配，提供引线的重新排列，允许多对电

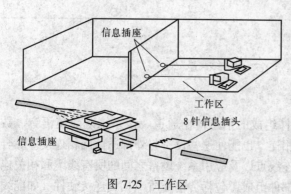

图 7-25　工作区

缆分成较小的几股，使终端设备与信息插座相连接。但这种装置按国际布线标准 ISO/IEC11801 的规定不属于工作区的一部分。

2．水平子系统

水平子系统是由工作区的信息插座及楼层配线间的线缆组成，如图 7-26 所示。通常线缆一端接在信息插座上，另一端接在配线架上。线缆包括电缆和光缆，长度规定为 90m；信息插座可以是 8 针/脚模块化插座，也可以是由电缆（如 RJ45）和光纤插座（如 ST、SC、LC）组成的多媒体插座。

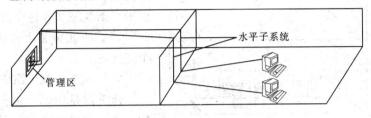

图 7-26 水平子系统

3．干线子系统

干线子系统由设备间和楼层配线间的线缆以及支撑线缆的相关部件组成。线缆一般为大对数双绞电缆或多芯光缆，两端分别接在设备间和楼层配线间的配线架上，如图 7-27 所示。干线子系统相当于电话系统中的干线电缆。

干线电缆长度为 90m，多模光纤长度为 2000m，单模光纤长度为 3000m。

水平子系统与干线子系统的区别在于：水平子系统通常处在同一楼层，线缆一端接在配线间的配线架上，另一端接在信息插座上。在建筑物内，干线子系统通常位于垂直的弱电间，并采用大对数双绞电缆或多芯光缆，而水平子系统多为 4 对双绞电缆或两芯光缆。双绞电缆能支持大多数终端设备。当需要较高宽带应用时，水平子系统可以采用"光纤到桌面"的方案。

当水平工作面积较大时，在该区域可设置二级交接间，则干线线缆、水平线缆连接方式有所变化。一种情况是干线线缆端接在楼层配线间的配线架上，水平线缆一端接在楼层配线间的配线架上，另一端还要通过二级交接间的配线架连接后，再端接到信息插座上。另一种情况是干线线缆直接接到二级交接间的配线架上，这时的水平线缆一端接在二级交接间的配线架上，另一端接在信息插座上。

4．设备间

设备间是在建筑物的适当地点放置综合布线线缆和相关连接件及公共应用系统的设备的场所。为便于设备搬运，节省投资，设备间最好位于每座大楼的第二层或第三层，面积一般大于 10m²。设备间还包括建筑物入口区的设备如电气保护装置及建筑物的接地装置。设备间相当于程控电话交换机的机房内配线部分。

在设备间采用跳线或接插线把应用系统的主设备连接起来，如计算机网络交换机的端口用接插线连接到主配线架上。

5．管理区

管理区分布在配线间、设备间和工作区等区域。管理区是由交插连线和互接连线以及标识符等组成，单通道管理如图 7-26 所示。交插连线和互接连线为连接各个子系统提供

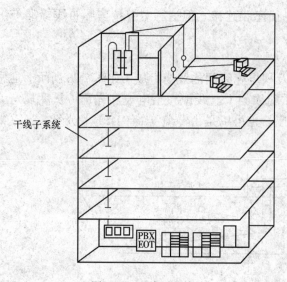

干线子系统

图 7-27　干线子系统

了手段。互接连线用 1 对或 2 对双绞线分别压在两个配线架上；交插连线用接插线一端插在设备上，另一端插在配线架上。接插线用一根双绞线在两端压接插头（如 RJ45）。标识符为识别各个子系统提供一种方法。标志用每条记录保存各通道变更情况；用标签识别每条线缆和各连接件所在的部位，标识符标注在标签上；用颜色区分每个连接场。

6. 建筑群干线子系统

建筑群是由两个或两个以上建筑物组成。建筑物之间的信息交流需要信息传输通道。综合布线的建筑群干线子系统由连接各建筑物内的线缆和防止电缆的浪涌电压进入建筑物的电气保护装置组成，如图 7-27 所示。建筑群干线子系统相当于电话系统中的电缆保护箱及各建筑之间的干线电缆。

二、综合布线系统常用图形符号

表 7-3 所示为综合布线系统常用图形符号。

综合布线系统常用图形符号　　　　　　　　　表 7-3

序号	名　称	图形符号	序号	名　称	图形符号
1	主配[①]线架		6	接插线	
2	分配[②]线架		7	直接连线	
3	信息[③]插座	形式1:　形式2:　nTo　nTo	8	机械端接	
4	多媒体[④]信息插座	nM TO	9	转接点	
5	交叉连线		10	电缆[⑤]	a,b,c

190

序号	名　称	图形符号	序号	名　称	图形符号
11	光缆		22	微机	
12	光纤连接盒	LIU	23	服务器	
13	光纤端接箱	OTU	24	小型计算机	
14	配线箱	DD	25	打印机	PRT
15	电话		26	测试仪⑥	
16	程控数字交换机	PABX	27	二分配器	
17	网络交换机	SWH	28	三分配器	
18	路由器	RUT	29	四分配器	
19	调制解调器	MD	30	放大器	
20	集线器	HUP	31	线槽	
21	不间断电源	UPS	32	地面线槽	

序号	名 称	图形符号	序号	名 称	图形符号
33	向上配线		37	垂直通过配线	
34	向下配线		38	由上向下引	
35	由下引来				
36	由上引来		39	由下向上引	

说明：1. 标"CD"表示建筑群配线架，标"BD"表示建筑物配线架；

2. 标"FD"表示楼层配线架；

3. n 为信息孔数量；

4. 多媒体信息插座包括铜缆、光缆。铜缆又分为双绞线和同轴电缆，n 为信息孔数量（$n \leqslant 12$）；

5. a、b、c 表示线缆数量、线缆型号、穿管管径，如1根4对双绞线穿直径25mm管子；

6. 标注"M"为主机（近端），"F"为远端机。

三、综合布线系统工程图

综合布线系统工程图，主要包括系统图和平面图两部分。图7-28所示为综合布线系统图。

（一）综合布线系统图

综合布线系统图包括的主要内容为：

（1）工作区子系统：各层的插座型号和数量；

（2）水平子系统：各层水平电缆型号和根数；

（3）干线子系统：从主跳线连接配线架到各水平跳线连接配线架的干线电缆（铜缆或光缆）的型号和根数；

（4）管理子系统：主跳线和水平跳线连接配线架所在楼层、型号和数量。

布线系统图是反映所有配线架和电缆线路的全部通信空间的立面详图，是全面概括布线系统全貌的示意图，在系统图中应反映以下几点：

（1）总配线架（MDF）、楼层分配线架（IDF）以及其他种类配线架、光纤互联单元的数量、分布位置。

（2）水平电缆（屏蔽电缆或非屏蔽电缆）的类型和垂直电缆（光纤或多对数双绞线）的类型。

（3）主要设备的位置，包括电话交换机（PBX）和网络设备（HUB或SWITCH网络交换机等网络设备）。

（4）垂直干线的路由。

（5）电话局电话进线位置。

（6）图例说明。

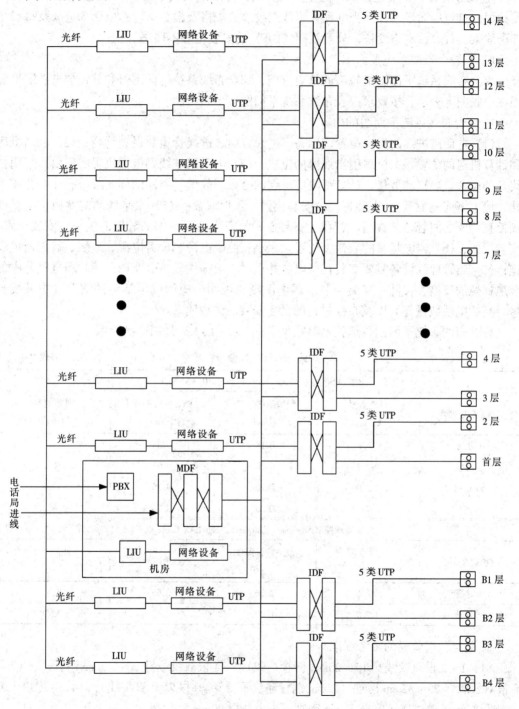

图 7-28　综合布线系统图

分析图 7-28 可知：系统语音传输采用双绞线，数据部分采用光纤。水平系统全部采用 5 类双绞线。每个分配线架完成两个楼层的配线。电话机房和计算机房设置在一个房间内，机房位于首层。

图 7-28 尚有不完善处，如产品型号未标明；总配线架（MDF）和分配线架（IDF）以及每层信息点的数量不详；光纤和大多数双绞线的规格及根数不详；电话局进线及每层光纤配线架（LIU）、网络设备、分配线架（IDF）的安装位置不明确。

（二）综合布线系统平面图

综合布线系统平面图是施工的重要依据，综合布线系统平面图可和其他弱电系统平面图在一张图上表示，按要求综合布线系统平面图应单独绘制。

1. 综合布线系统平面图的内容

（1）电话局进线的具体位置、标高、进线方向、进线管道数目、管径；（2）电话机房和计算机房的位置，由机房引出线槽的位置；（3）电话局进线到电话机房的路由，采用托线盘的尺寸、规格和数量；（4）每层信息点的分布、数量，插座的样式（单孔、双孔或多孔，墙上型或地面型）、安装标高、安装位置、预埋底盒；（5）水平线缆的路由。由线槽到信息插座之间管道的材料、管径、安装方式、安装位置；水平线槽的规格、安装位置、安装形式；（6）弱电竖井的数量、位置及大小；照明电源和设备电源、地线、有无通风设施；（7）当管理区设备需要安装在弱电竖井里时，应提供设备分布图；（8）弱电竖井中的金属梯架的规格、尺寸、安装位置。弱电图纸总说明中应明确电话线的情况（中继线数量、直拨电话数量等）以及布线材料的设备安装总体说明。

综合布线系统平面图线缆技术参数见表 7-4（以 Lucent 公司产品为例）。

线 缆 技 术 参 数

表 7-4

3 类线缆（Nonplenum Category3，1010LAN Cable）				
线缆类别	线缆重量 （kg/km）	线缆绝缘厚度 （mm）	PVC 绝缘厚度 （mm）	外形直径 （mm）
4 对线	27.2	0.18	0.38	4.6
25 对线	142.7	0.20	0.53	10.2
50 对线	283.0	0.20	0.76	13.7
100 对线	539.1	0.20	0.76	18.5
5 类线缆（Nonplenum Category5，1061LAN Cable）				
线缆类别	线缆重量 （kg/km）	线缆绝缘厚度 （mm）	PVC 绝缘厚度 （mm）	外形直径 （mm）
4 对线	27.2	0.20	0.66	5.60
25 对线	142.7	0.20	0.69	13.2

2. 确定预埋管径的参考标准

（1）1～2 根双绞线穿 15～20mm 钢管；（2）3～4 根双绞线穿 20～25mm 钢管；（3）5～8 根双绞线穿 25～32mm 钢管（32mm 钢管建议不要穿 10 根以上双绞线）；（4）8 根以上双绞线最好走线槽；（5）单根 32mm 钢管可以由 2 根 20mm 管代替。

施工中注意所有金属管线不能以串联方式连接，必须由水平线槽分别走线。

3. 水平系统和垂直系统的选择

一般采用金属线槽或金属梯架，线槽和容纳双绞线的参考值见表7-5。

线槽和容纳双绞线参考表 表7-5

线槽规格	3类8芯 UTP	5类8芯 UTP	3类25对 UTP	3类50对 UTP	3类100对 UTP	5类25对 UTP
25×25	< 10	< 8	< 2	0	0	< 2
50×25	< 20	< 15	< 4	< 2	0	< 3
75×25	< 30	< 25	< 5	< 3	< 2	< 4
50×50	< 35	< 30	< 7	< 4	< 3	< 5
100×50	< 75	< 65	< 15	< 10	< 5	< 15
100×100	< 150	< 130	< 35	< 22	< 12	< 26
150×75	< 170	< 150	< 40	< 25	< 14	< 30
100×200	< 300	< 270	< 70	< 45	< 24	< 50
150×150	< 350	< 300	< 80	< 50	< 28	< 60

弱电竖井中敷设金属梯架式线槽，线槽尺寸见参考表7-5的标准。

4. 由电话局到电话交换机机房应设线槽，线槽可以敷设在弱电竖井中

5. 有源设备供电安置于竖井中时应注意的问题

（1）照明；（2）设备用电（UPS不间断电源）；（3）通风设施；（4）接地设施；（5）设备防盗及防破坏、防毁设施。

思 考 题 与 习 题

1. 什么是智能建筑？在建筑平台上组成智能建筑的三大系统是什么？

2. 简述通信网络系统。

3. 简述信息网络系统。

4. 简述智能建筑的系统集成。

5. 目前CATV系统的节目源主要来自几个途径？

6. 指出总线制系统的优点。总线制系统分为几种？常用的是哪种？

7. 指出火灾自动报警系统的组成及各部分的作用。

8. 简述消防联动控制包括的内容有哪些。

9. 指出安全防范的定义及包括的内容。

10. 简述出入口控制系统的功能。

11. 简述综合布线系统的基本构成。

12. 某建筑为8层楼，每层120个信息点，每层长40m，宽30m，高40m，弱电竖井在每层的中央，计算机房设在三层，程控交换机机房设在二层，各机房均距离竖井较近。列出该建筑所需综合布线的材料清单。

主 要 参 考 文 献

1　中华人民共和国国家标准．建筑电气工程施工质量验收规范（GB 50303—2002）．北京：中国计划出版社，2002

2　中华人民共和国国家标准．智能建筑工程质量验收规范（GB 50339—2003）．北京：中国建筑工业出版社，2003

3　王林根主编．建筑电气工程．北京：中国建筑工业出版社，2003

4　唐海等主编．现代建筑电气安装．北京：中国电力出版社

5　刘复欣主编．建筑供电与照明．北京：中国建筑工业出版社，2004

6　陈一才编著．建筑电工手册．北京：中国建筑工业出版社，1992

7　韩永学主编．建筑电气施工技术．北京：中国建筑工业出版社，2004